高等职业教育课改系列规划教材 （计算机类） Computer Class

网页设计与制作案例教程

万忠 曾涛 ◎ 主编
吴黎琴 张振寰 曾艳琴 ◎ 副主编

Wangye Sheji Yu
Zhizuo Anli Jiaocheng

人民邮电出版社
北京

图书在版编目（CIP）数据

网页设计与制作案例教程 / 万忠，曾涛主编．-- 北京 : 人民邮电出版社，2012.2
世纪英才高等职业教育课改系列规划教材．计算机类
ISBN 978-7-115-26890-7

Ⅰ．①网… Ⅱ．①万… ②曾… Ⅲ．①网页制作工具－高等职业教育－教材 Ⅳ．①TP393.092

中国版本图书馆CIP数据核字(2011)第233282号

内 容 提 要

本书通过大量的案例，循序渐进地介绍了专业网页制作工具 Dreamweaver 8 的使用方法和技巧，让学生通过大量的案例实践来提高网页制作的技能。

本书主要内容有：站点的创建与管理，文本与图像等网页元素的插入与调整，超级链接的创建，使用表格与框架进行页面排版，层、时间轴及行为、动态网站开发等。

本书内容具体，实例丰富，由浅入深，突出操作技能的训练，适合作为高等职业院校电子商务、计算机应用及信息管理专业的教材，也可作为网页制作人员的培训教程。

世纪英才高等职业教育课改系列规划教材（计算机类）

网页设计与制作案例教程

◆ 主　　编　万　忠　曾　涛
副 主 编　吴黎琴　张振寰　曾艳琴
责任编辑　丁金炎
执行编辑　郝彩红　严世圣

◆ 人民邮电出版社出版发行　北京市崇文区夕照寺街 14 号
邮编　100061　电子邮件　315@ptpress.com.cn
网址　http://www.ptpress.com.cn
三河市海波印务有限公司印刷

◆ 开本：787×1092　1/16
印张：10.75
字数：261 千字　2012 年 2 月第 1 版
印数：1- 2 500 册　2012 年 2 月河北第 1 次印刷

ISBN 978-7-115-26890-7

定价：22.00 元

读者服务热线：(010)67132746　印装质量热线：(010)67129223
反盗版热线：(010)67171154
广告经营许可证：京崇工商广字第 0021 号

Foreword 前言

制作一个网站需要很多的技术和工具，包括网页内容的编辑、网页的布局、网页图像的设计与处理和动画制作等。

中文版的 Dreamweaver、Fireworks、Flash 是 Macromedia 公司推出的可视化专业网页设计软件，合称网页三剑客。它以强大的功能和易学易用的特性，赢得了广大网页制作爱好者的喜爱。Dreamweaver 用于对网页进行整体的布局和设计，以及对网站进行创建和管理，支持最新的 Web 技术，能够处理 Flash 等媒体格式。Fireworks 用来绘制和优化网页图像。Flash 用于制作网页动画。

本书介绍了 Dreamweaver 中文版基本功能，结合实例，使读者掌握网页的制作方法，学会应用 Dreamweaver 的各项功能，从而达到独立开发网站的目的。

本书针对于高职学生，突出基础知识和技能操作，力求做到理论与实践相结合。

本书共分 12 个案例，主要内容包括：创建网站、图文混排、制作超级链接、制作表单、制作卡通游戏页（时间轴）、制作 CSS 样式、制作框架、制作库和模板、制作卡通介绍页（动态网页）、制作 LOGO（图标）、制作动态网页（数据库）、发布和维护网站。本书内容翔实，实例丰富，读者可根据书中实例，边学边操作。

本书案例三由吴黎琴编写，案例四由曹艳琴编写，案例八由张振寰编写，案例九～案例十二由曾涛编写，其余案例由万忠编写。全书由万忠统稿。

由于编者水平有限，书中错误和不足之处在所难免，恳请广大读者批评指正。

编者

Contents 目录

案例一 创建站点

案例情境

(1)指导学生欣赏优秀网站。

(2)指导学生建立第一个站点。

第一部分 知识准备

知识点一 万维网

万维网也叫 WWW,是 World Wide Web(全球信息网)的缩写。它是建立在 Internet 上的全球性的、交互的、动态、多平台、分布式图文信息系统。万维网网页的首页称为主页,它是启动 Web 浏览器后所见到的第一个超文本文件,我们可以将其比作一张导读菜单,所有的网络资源都通过主页链接。WWW 网页应该做到信息是准确、最新的。

编写页面的语言是超文本标记语言(HTML),而 Web 页面的传输则依靠超文本传输协议(HTTP:Hyper Text Transfer Protocol)进行通信。

用户一般有以下两种方式与 WWW 网页进行交流。

超媒体链接:用户使用鼠标点击超媒体链接处,就可以从一个网页到另一个网页、程序或其他服务。超媒体链接是带有超级链接的媒体(文本、图形、图像等)。

搜索引擎:通过搜索引擎(通常是指可以检索各种信息的网站),在表格中填入要搜寻的主题,服务器就会提供相关信息。

知识点二 搜索引擎

搜索引擎(Search Engines)是对互联网上的信息资源进行搜集整理,供用户查询的系统,它包括信息搜集、信息整理和用户查询 3 部分。

搜索引擎利用特有的程序把因特网上的所有信息进行归类,使得人们在浩如烟海的信息海洋中搜寻到自己所需要的信息。

搜索引擎按其工作的方式可分为两类:一类是分类目录型的检索,即把因特网中的资源按类型不同而分成不同的目录,用户按分类一层一层地进入并找到自己想要的信息;另一类则是基于关键词的检索,用户利用逻辑组合方式输入各种关键词(Keyword),搜索引擎计算机根据这些关键词寻找用户所需资源的地址,然后根据一定的规则反馈给用户包含此关键词信息的所有网址和指向这些网址的链接。

知识点三 IE 浏览器

计算机硬件与 Internet 相连只是物理连接,要使用 Internet 的资源,必须要有相应的软件。Internet Explorer(IE)就是一个 Internet 浏览器软件,通过它可以进行 WWW 浏览、收发电子邮件、制作与发布个人的主页等。IE具有功能强大、操作界面友好的优点。

IE的组件包括Web浏览器Internet Explorer、网页制作工具及其他的网络通信工具。IE是专门用于定位和访问Web信息的浏览器或工具。

知识点四 网页基本组成

通常网页是由一些基本元素组成的，包括文本、图像、超链接、表格、表单、导航栏、动画、框架等。

文本是网页的主要内容，是最重要的信息载体和交流工具。文本具有传递信息直接、通用和易沟通的特点。纯文本占用空间小，传输速度快。制作网页时可以根据需要设置文本的字体、字号、颜色等属性。

图像是网页的另一种信息表达方式，它可以起到提供信息、展示作品、美化网页及体现作品风格的作用。通常使用的图形格式为GIF和JPG。为了不影响打开速度应适当地使用图片。

超链接是从一个页面指向另一个页面的链接。超链接可以将单个页面链接成网站。超链接可也添加到文本、图片上。点击超链接可以显示所链接的内容。

表格主要用于控制页面布局。

表单主要用于具有交互功能的网页。

知识点五 网站定位

首先，主题要短小精悍，并能够体现出自己的特色。只有这样才能适应当前新且快速变化的网络。热门主页应做到每天更新甚至几小时更新一次，而网页如果没有特色也就无法吸引人们去浏览，同时网页主题简短也易于维护。

其次，题材最好是自己擅长或喜爱的内容。兴趣是制作网站的动力，没有热情，很难制作出精彩的网页。

最后，内容应有新意同时目标不要太高，即不要选择到处可见或知名网站已有的做得很成熟的题材，因为如果选择这些题材，要超过这些是很困难的。

首页上应指明网站的主要内容及要实现的功能。一般站点需要有以下模块：网站名称、广告条、主菜单、新闻、搜索、友情链接、邮件列表、计数器、版权等。要确定选择哪几种模块，是否还添加其他内容，接着就应着手画出设计图，并利用网页语言实现这些设计。

知识点六 站点

站点是一组具有如相关主题、类似的设计、链接文档和资源。Dreamweaver是一个站点创建和管理工具，因此使用它不仅可以创建单独的文档，还可以创建完整的Web站点。创建站点的第一步是规划。为了达到最佳效果，在创建任何Web站点页面之前，应对站点的结构进行设计和规划。决定要创建多少页，每页上显示什么内容，页面布局的外观及每页是如何互相连接起来的。网站的开发通常按照这样一个基本流程进行：网站规划、收集与整理素材、网站设计、网页制作、网站发布和网站维护。

知识点七 Dreamweaver 8工作环境

启动Dreamweaver 8后，如图1.1所示。

新建文档后，呈现Dreamweaver 8的工作界面，如图1.2所示。它主要工作面板是“插入”和“属性”面板。“插入”面板是向页面插入相应的页面元素。“属性”面板是用来设置选定的页面元素的属性。

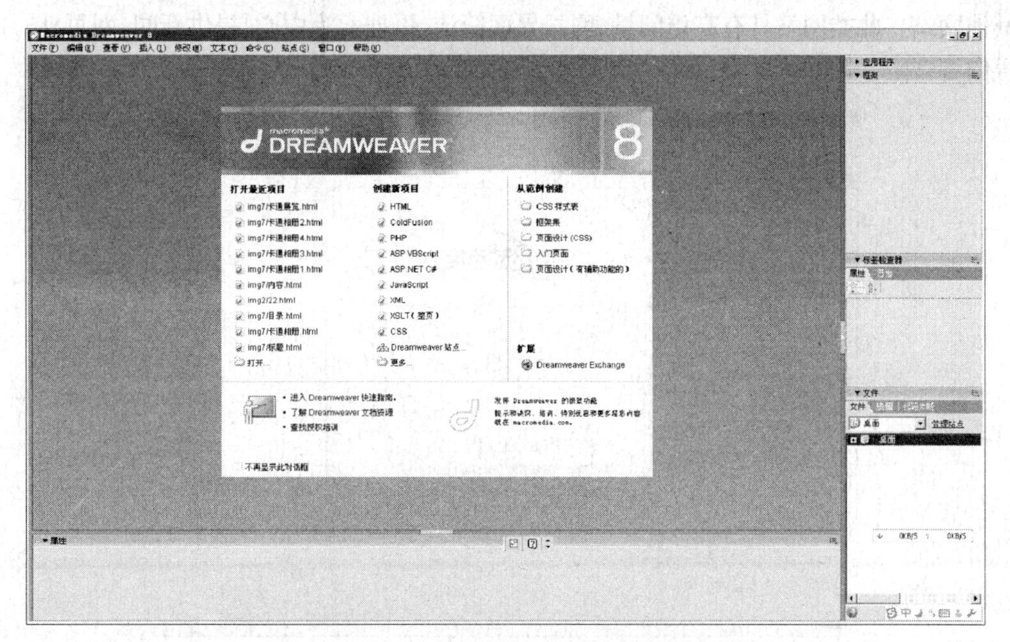

图 1.1　Dreamweaver 8 启动界面

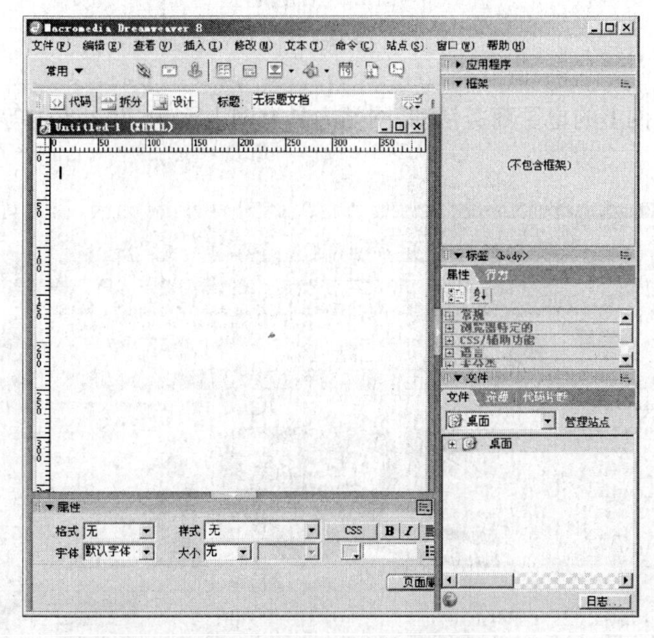

图 1.2　Dreamweaver 8 工作界面

第二部分　案 例 实 践

实例一　网站展示

1. 搜索类网站

搜索类网站为用户提供在线查询和导航服务，通过搜索引擎检索到用户的需要内容和登录其他网站。此类网站具有高访问量、网站界面简洁,以搜索为中心,提供新闻、网页、图片、视频等内容搜索。例如百度等,如图 1.3 所示。

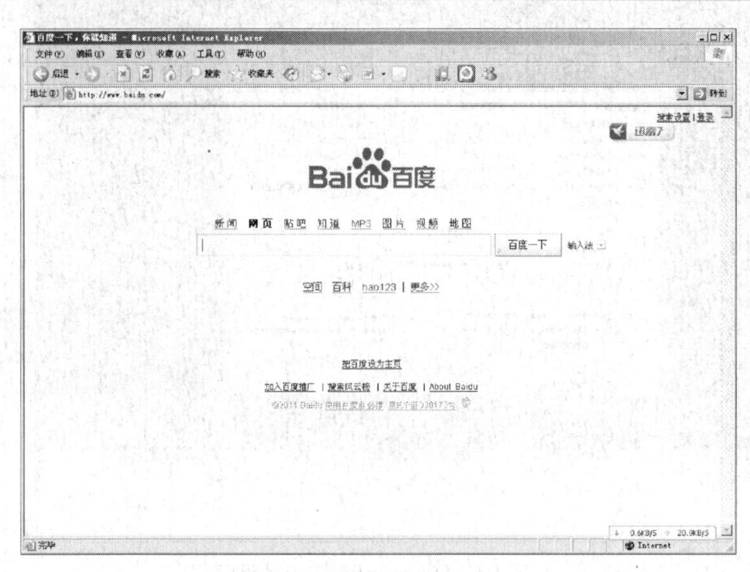

图 1.3　百度网

2. 商业网站

商业网站提供网上的电子商务活动,网站内具有网上购物、网上支付等功能。例如当当网等,如图 1.4 所示。

图 1.4　当当网

3. 企业网站

企业网站通常具有布局简单、分类清晰、重点突出的特点。例如索尼爱立信等,如图 1.5 所示。

图 1.5　索尼爱立信

4. 信息网站

信息网站通常具有内容丰富、更新迅速、有一定影响力的特点。例如人民网等,如图 1.6 所示。

图 1.6　人民网

实例二　创建站点

站点是存储网站内所有文件的位置,如果要使用 Dreamweaver 创建一个网站,需要建立一个本地站点;如果要将创建好的网站上传到 Internet,就需要创建一个远程站点,利用 Dreamweaver 自带的 FTP 功能可以及时地与远程站点联系,随时更新网站的内容。

每个网站在制作前都需要创建一个本地站点,利用站点的管理功能对站点中的文件进行管理和测试。本地站点实际是位于本地计算机中指定目录下的一组页面文件和相关文件。在本案例中,将指导学生创建本地站点。

1. 创建文件夹

在本地磁盘中新建文件夹,命名为 localweb。本案例设为 D:\ localweb,用户可自行设计。

2. 创建站点

单击“站点”→“新建站点”菜单命令,调出“未命名站点”命令对话框,如图 1.7 所示。

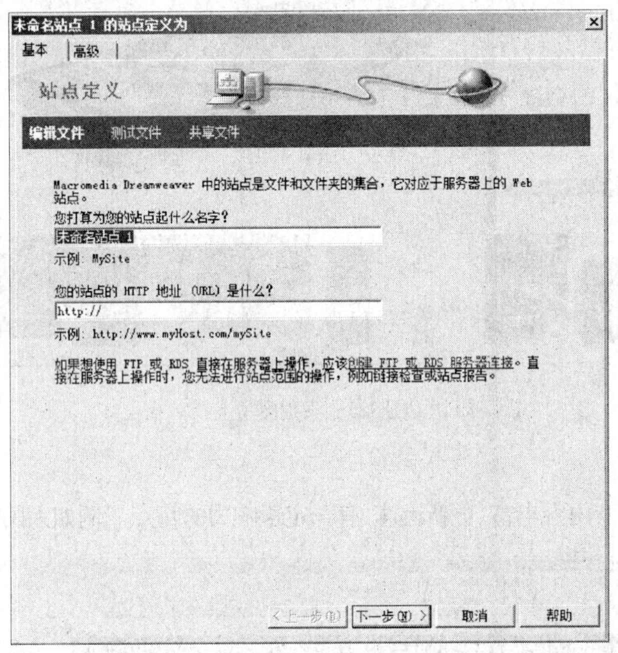

图 1.7 “未命名站点”对话框 1

输入站点名字“localweb”,如图 1.8 所示。单击“下一步”按钮继续。

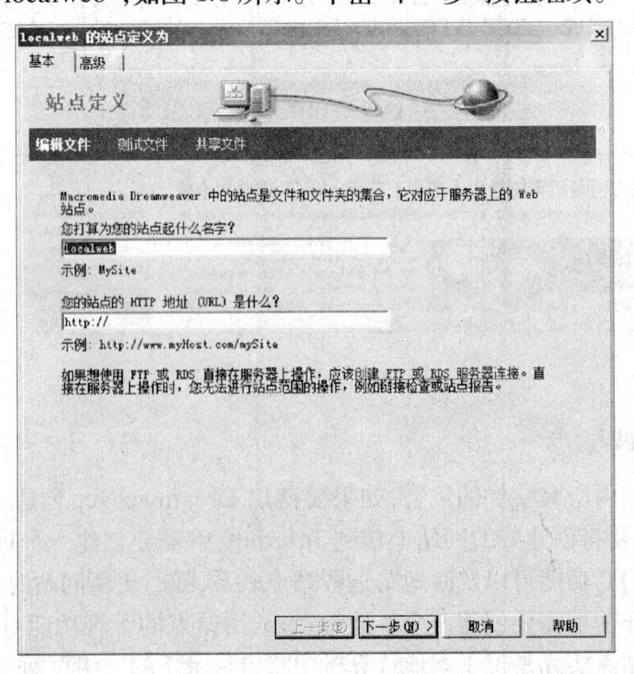

图 1.8 “未命名站点”对话框 2

弹出对话框，显示“您是否打算使用服务器技术，如 ColdFusion、ASP. NET、ASP、JSP 或 PHP?”信息。如果制作静态页面，选中“否，我不想使用服务器技术。”单选按钮；如果制作动态页面或使用脚本语言，选中“是，我想使用服务器技术。”单选按钮。在“哪种服务器技术?”下拉式列表框内选择“ASP JavaScript”选项，如图 1.9 所示。单击“下一步”按钮继续。

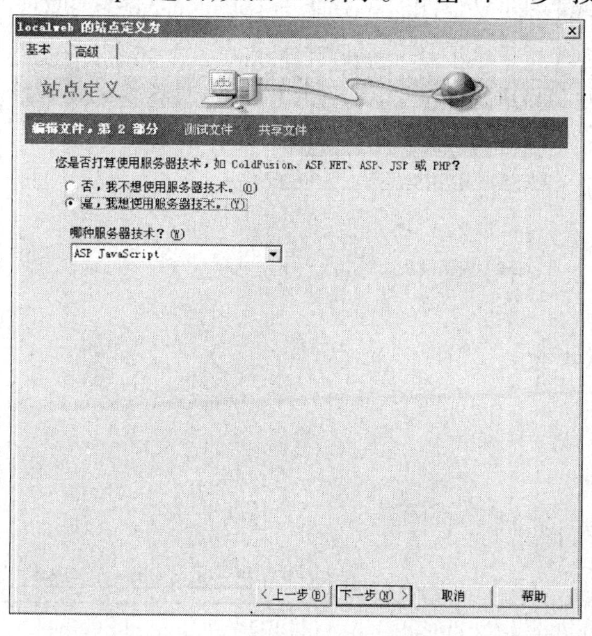

图 1.9 “localweb 站点” 对话框 2

弹出对话框，显示“在开发过程中，您打算如何使用您的文件?”信息，选中“在本地进行编辑和测试(我的测试服务器是这台计算机)”单选按钮。设置“您把文件存储在计算机上的什么位置?”选择站点所在路径，如图 1.10 所示。单击“下一步”按钮继续。

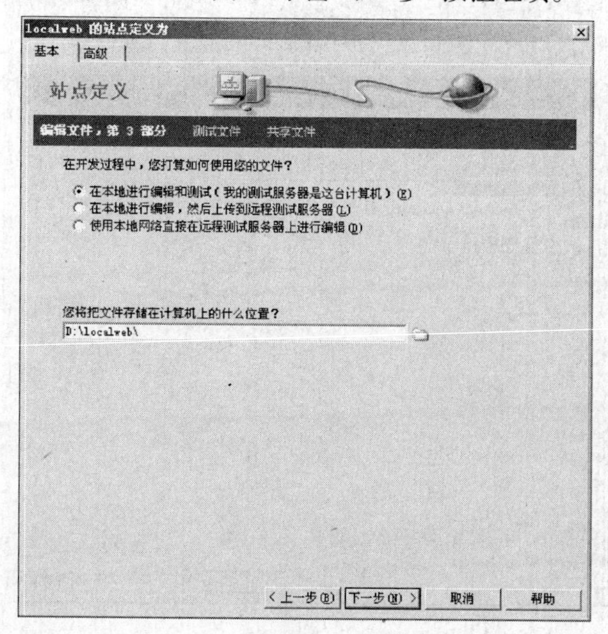

图 1.10 “localweb 站点” 对话框 2

弹出对话框,显示"您如何连接到远程服务器?"信息,选择"本地/网络",设置"您打算将您的文件存储在服务器上的什么文件夹中?"信息,选择站点所在路径,如图1.11所示。单击"下一步"按钮继续。

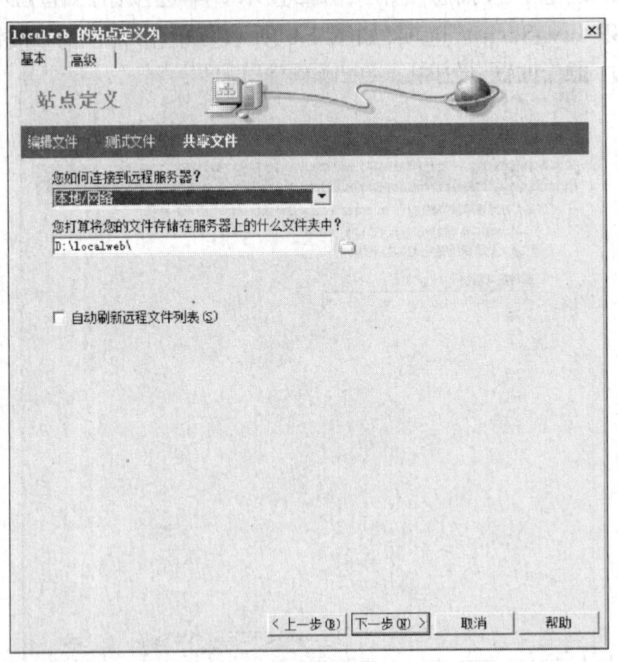

图1.11 "localweb站点"对话框3

弹出对话框,显示"您应该使用什么URL来浏览站点的根目录?"信息,如图1.12所示。本步骤针对安装了IIS服务器的用户,否则跳过。单击"下一步"按钮继续。

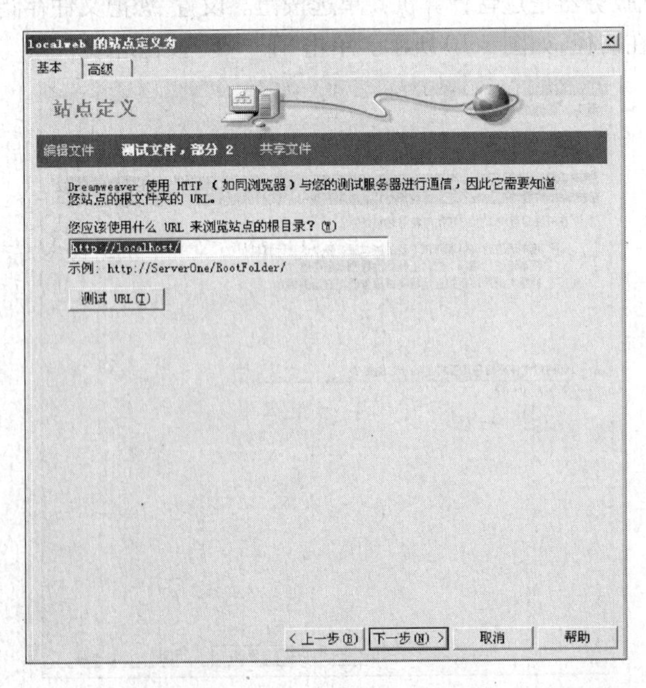

图1.12 "localweb站点"对话框4

弹出对话框,显示“是否启用存回和取出文件以确保您和您的同事无法同时编辑同一个文件?”,选中“否,可启用存回和取出。”选项,如图 1.13 所示。单击“下一步”按钮继续。

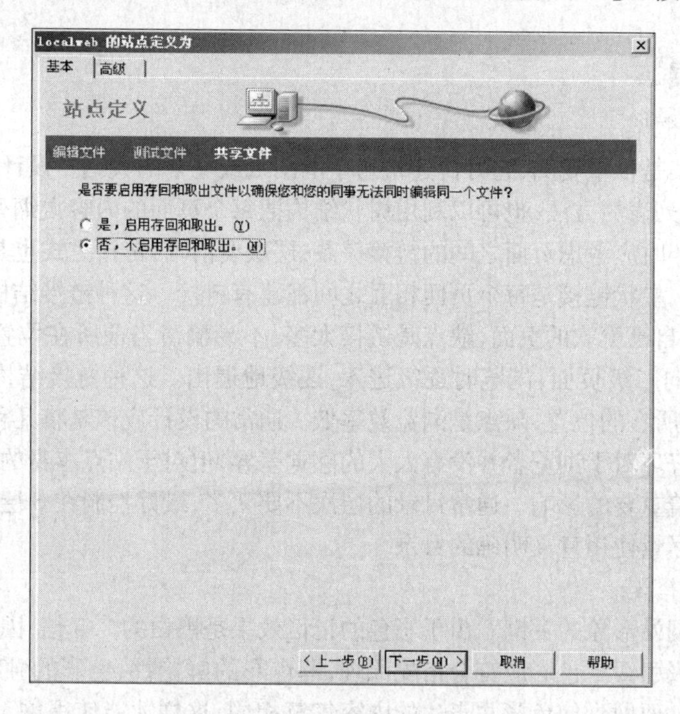

图 1.13 “localweb 站点”对话框 5

配置完成界面,如图 1.14 所示。

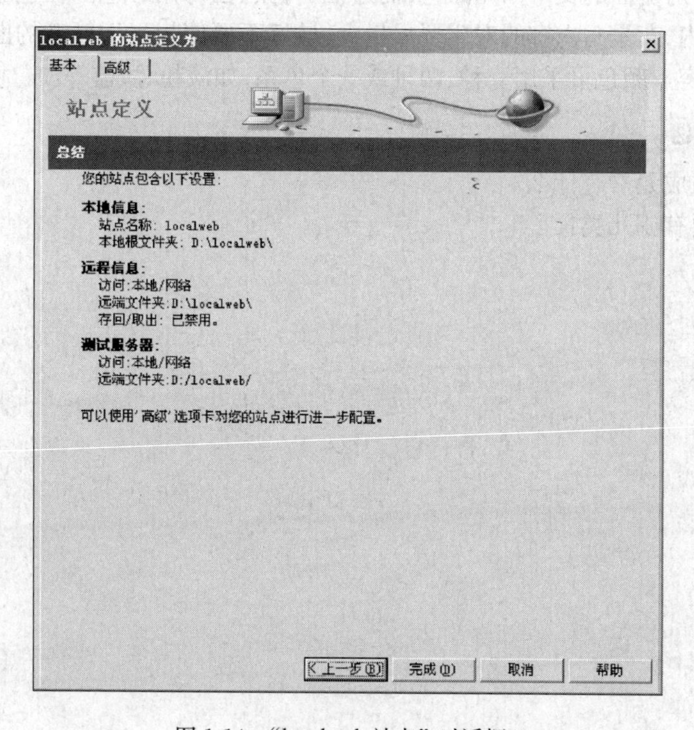

图 1.14 “localweb 站点”对话框 6

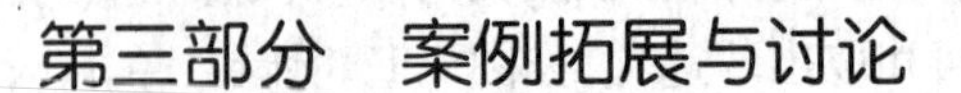

第三部分　案例拓展与讨论

自学与拓展

(1)网站编排框架

网站编排框架是很重要的,它好比建筑房子的图纸或文章的大纲。设计一个网站的框架,可以利用画草图、列表的方法,也可以利用树状结构把每个页面的内容大纲列出来。

编排网页框架时应考虑页面之间的链接关系,层次要清晰,链接方式也是影响一个网站的优劣的因素之一。星状链接是每个页面相互之间都建有链接。这种链接结构的优点是浏览方便,随时可以浏览自己喜欢的页面,缺点是链接太多,不易搞清当前所在位置。树状链接是指一级页面链接指向二级页面,浏览时逐级进入,逐级地退出。这种链接结构的优点是条理清晰,明确自己当前所在的位置,缺点是浏览效率低。通常的设计应该是将几种结构混合使用。

目录结构的好坏对于浏览者并没有太大的感觉差异,但对于站点本身的文件上传、内容的扩充和移植却有着重要的影响。通常目录的层次不要太多,最好控制在3层以内,不要使用中文、过长的目录,尽量使用意义明确的目录。

(2)网站色彩搭配

色彩是树立网站形象的关键。由于彩色的记忆效果是黑白的3.5倍,因此,彩色页面较完全黑白页面更加吸引人。色彩应符合搭配原理,即色彩的鲜艳性、色彩的独特性、色彩的适当性和色彩联想性。要做到使色彩与表达的内容气氛相同,这样才能使得网页更能吸引人的注目,对它有较强烈的印象。

一般情况下,对页面的文字采用黑色,而边框、背景、图片用彩色。在色彩搭配上,通常控制在3种色彩以内,背景与内容的对比要尽量大,最好不要使用过于复杂的图片做背景,这样能更好地突出内容。颜色可采用一种、两种或一个色系,如淡粉、淡蓝等。

学习讨论题

(1)网页的组成元素有什么?

(2)网站主要有哪几类?

案例二　图文混排

案例情境

(1)指导学生制作一个卡通宣传网页。通过本实例学生可以学习图文混排的相关知识。效果图如图 2.1 所示。

(2)指导学生制作一个卡通展示网页,可以展示卡通图片、文字等。通过本实例学生可以学习表格和单元格的设置和使用及图文混排的相关知识。效果图如图 2.2 所示。

图 2.1　效果图 1

图 2.2　效果图 2

第一部分　知识准备

知识点一　文本设置

文本是网页中最基本元素,打开 Dreamweaver 就可以在工作区内直接输入文本,利用“属性”面板进行文本编辑。

文字“属性”面板如图 2.3 所示。

图 2.3　“属性”面板

文字标题格式设置:有 9 个不同选项,分别是无、段落、标题 1～6、预先格式化的。文本的 6 种标题格式,对应的字号大小和段落对齐方式都是设定好的。“预先格式化的”选项是指预定义的格式。在文档中不可以直接输入空格,如果需要输入空格,应选择“预先格式化的”

选项。

字体设置:单击“字体”下拉列表框的按钮。其中,“默认字体”是表示使用浏览器默认的字体,通常为宋体。如果需要改变字体,在下拉列表中未出现,可选下拉列表中“编辑字体列表”选项,弹出“编辑字体列表”对话框,如图 2.4 所示。

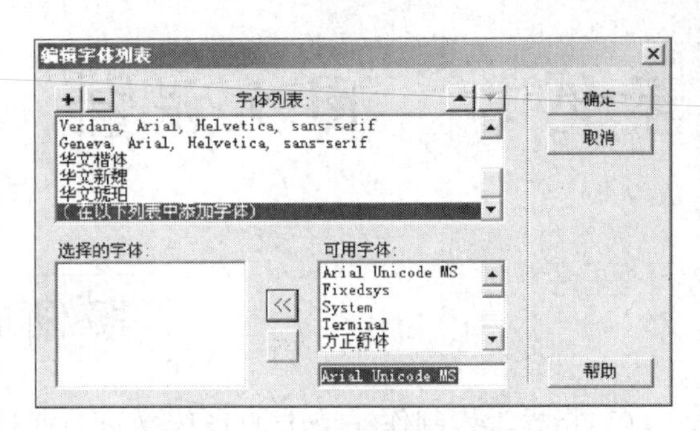

图 2.4 “编辑字体列表”对话框

文字颜色设置:单击文字“属性”栏内的“文本颜色”按钮,调出颜色面板,利用它可以设置文字的颜色。

文字对齐设置:文字的对齐是指一行或多行文字在水平方向的位置,它有左对齐、居中对齐和右对齐 3 种。对齐可以在选中文字后,单击“属性”栏内的(左对齐)、(居中对齐)和(右对齐)按钮来实现。如果文字是直接输入的,则会以浏览器的边界线进行对齐。

文字缩进设置:要改变段落文字缩进量,可选中文字,再单击文字“属性”栏内的(减少缩进,向左移两个单位)按钮或(增加缩进,向右移两个单位)按钮。

文字风格设置:选中网页中的文字,单击“粗体”按钮 B ,即可将选中的文字设置为粗体;单击“斜体”按钮 I ,即可将选中的文字设置为斜体。

文字列表设置:有无序列表和有序列表两种不同选项。选中要排列的文字段,单击文字“属性”栏内的按钮,可设置无序列表;单击文字“属性”栏内的按钮,可设置有序列表。

知识点二　图像设置

图像也是网页的重要组成部分,在网页中插入图像可以使网页更好地表现网站主题思想,使版面变得更加丰富多彩,引人入胜。在网页中插入图像时,首先需要考虑图像在页面中的整体效果,其次应该综合考虑图像的显示效果和下载速度。

1. 插入图像

选择单击菜单“插入”→“图像”;或者单击“常用”面板内的“插入图像”按钮,或拖曳按钮到网页内,会调出“选择图像源文件”对话框,如图 2.5 所示。

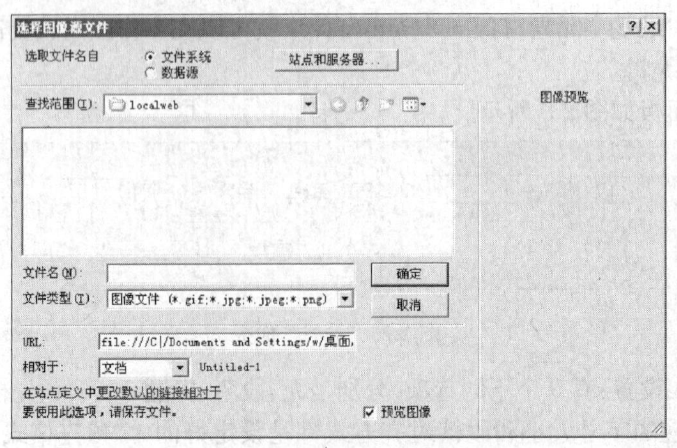

图 2.5 “选择图像源文件”对话框

2. 图像属性

图像"属性"面板如图 2.6 所示。

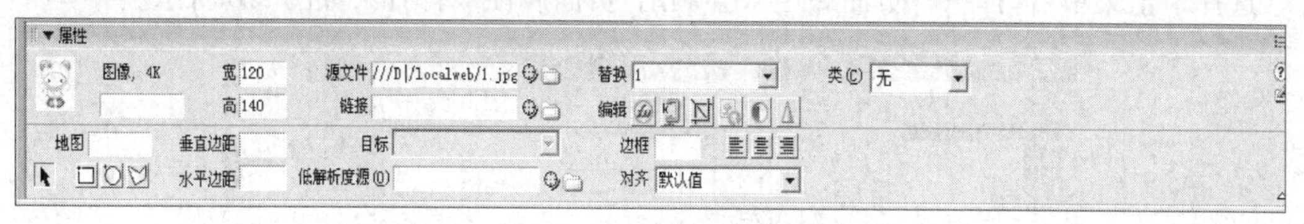

图 2.6 "属性"面板

图像名字设置:在文本框内可输入文字,可使用脚本语言(JavaScrip)对它进行引用。

图像大小设置:在"宽"文本框内输入图像的宽度,在"高"文本框内输入图像的高度。系统默认的单位是像素(pixel)。也可以用%表示图像占文档窗口的宽度和长度百分比,设置后,图像的大小会跟随文档窗口的大小自动进行调整。

图像路径的设置:"源文件"文本框内给出了图像文件的路径。

图像文字说明设置:在"替代"文本框内输入需要说明的文字。

图像链接的设置:"链接"文本框内给出了被链接文件的路径。

3. 图文混排

当网页内有文字和图像混排时,系统默认的状态是图像的下沿和它所在的文字行的下沿对齐。

图像与文字相对位置设置:图像"属性"栏内的"对齐"下拉列表框内有 10 个选项,用来进行图像与文字相对位置的调整。

"默认值":使用浏览器默认的对齐方式,不同的浏览器会稍有不同。

"基线":图像的下沿与文字的基线水平对齐,基线不到文字的最下边。

"顶端":图像的顶端与当前行中最高对象(图像或文本)的顶端对齐。

"中间":图像的中线与文字的基线水平对齐。

"底部":图像的下沿与文字的基线水平对齐。

"文本上方":图像的顶端与文本行中最高字符的顶端对齐。

"绝对中间":图像的中线与文字的中线水平对齐。

"绝对底部":图像的下沿与文字的下沿水平对齐。文字的下沿是指文字的最下边。

"左对齐":图像在文字的左边缘,文字从右侧环绕图像。

"右对齐":图像在文字的右边缘,文字从左侧环绕图像,如图 2.7 所示。

图 2.7　图文混排

图像与页面其他元素的距离设置:在"垂直距离"文本框内输入具体值,在"水平距离"文本框内输入具体值。系统默认的单位是像素(pixel)。

图像边框设置:在"边框"文本框内输入边框宽度。

图像位置设置:单击选中要调整位置的图像后,或将光标移到图像所在行处后,单击(居左)、(居中)或(居右)按钮,可将该行的图像位置进行调整。

图像热点链接设置:单击地图下端图形,可以分别设置矩形、圆形、不规则 3 种热区。设置完成后,选中热区,在"属性"栏内的"链接"文本框内会给出被链接文件的路径。

知识点三　页面的设置

选择单击菜单“选择”→“页面属性”，会调出“页面属性”对话框，如图 2.8 所示。

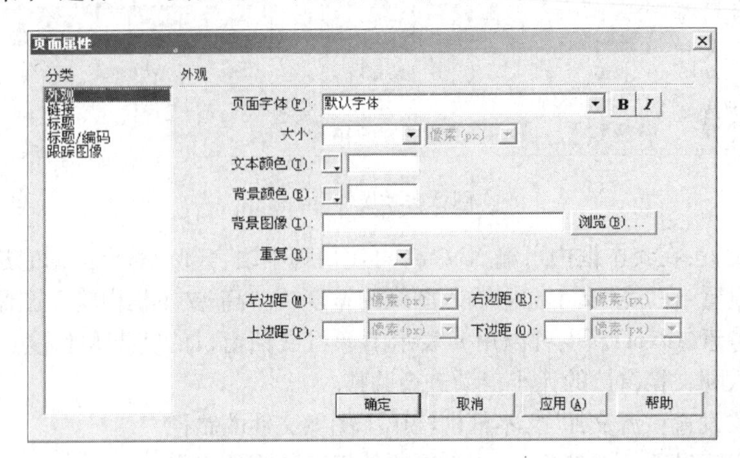

图 2.8　“页面属性” 对话框

在页面属性里可以设置整个页面的字体、字号、颜色。

背景颜色的设置：单击“文本颜色”按钮，调出颜色面板，利用它可以设置页面的背景颜色。

背景图像的设置：单击浏览按钮，调出“选择图像源文件”对话框，如图 2.5 所示。利用它可以设置页面的背景图像。

背景图像重复设置：可以提供不重复、重复、垂直重复、水平重复 4 种选择。

边距设置：利用上下左右边距文本框数据设置页面首字母文字的位置。系统默认的单位是像素(pixel)。

知识点四　表格、单元格的设置

选择单击菜单“插入”→“表格”，会调出“表格”对话框，如图 2.9 所示。

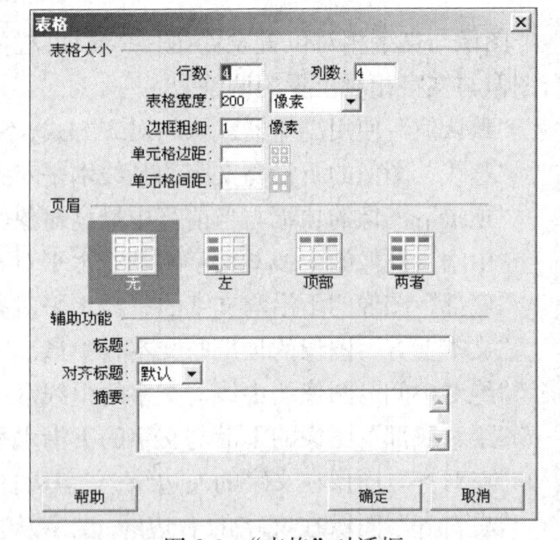

图 2.9　“表格” 对话框

1. 表格属性

表格“属性”如图 2.10 所示。

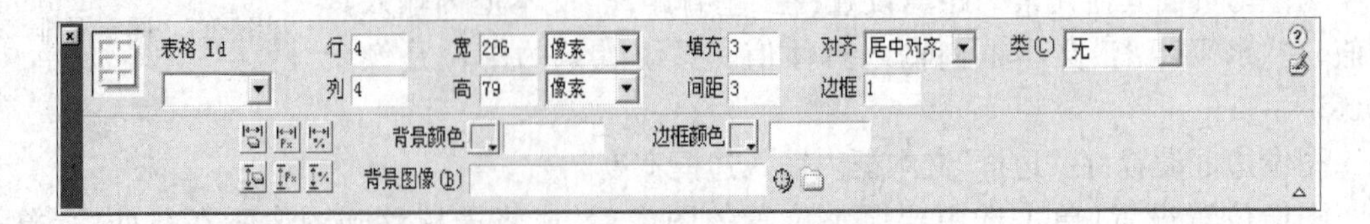

图 2.10　表格“属性” 对话框

行列设置：在“行”和“列”文本框中输入表格的行数和列数。

宽度设置：在“宽”文本框中输入表格宽度值，其单位为像素或百分数。如果选择“百分比”,则表示表格占页面或它的母体容量宽度的百分比。

边框设置:在“边框”文本框中输入表格边框的宽度数值,其单位为像素。当它的值为 0 时,表示没有表格线。

间距设置:在“间距”文本框中输入的数表示单元格之间两个相邻边框线(左与右、上和下边框线)间的距离。在“间距”文本框中输入单元格内的内容与单元格边框间的空白数值,其单位为像素。这种空白存在于单元格内容的四周。

页眉设置:有无、左、顶部、两者 4 种选择。被设置为页眉的单元格,其中的字体将被设置成居中和黑体格式。

背景颜色设置:单击背景颜色按钮来设置表格的背景色。

背景图像设置:单击“背景”文件夹图标,可以调出“选择图像源”对话框,利用它可以给表格添加背景图像。

边框颜色设置:单击边框颜色按钮来设置表格的边框线颜色。

2. 单元格属性

单元格“属性”如图 2.11 所示。

图 2.11 单元格“属性”对话框

合并所选单元格:选中要合并的单元格,单击按钮,即可将选中的单元格合并。

拆分单元格:单击选中一个单元格,再单击按钮,调出“拆分单元格”对话框,选中“行”单选项,表示要拆分为几行;选中“列”单选项,表示要拆分为几列。在“行数”或“列数”数字框内选择行或列的个数。

单元格文字设置:“水平”和“垂直”下拉列表框。

单元格宽与高设置:“宽”和“高”文本框。

背景颜色设置:单击背景颜色按钮来设置单元格的背景色。

背景图像设置:单击“背景”文件夹图标,可以调出“选择图像源文件”对话框,利用它可以给单元格添加背景图像。

边框颜色设置:单击边框颜色按钮来设置单元格的边框线颜色。

第二部分 案例实践

实例一 创建“卡通介绍”网页

1. 创建页面

将图片素材复制到站点文件夹内。启动 Dreamweaver,选择菜单“文件”→“创建”,打开“新建文档”对话框,选择“基本页”标签中的“HTML”选项,单击创建按钮,如图2.12 所示。

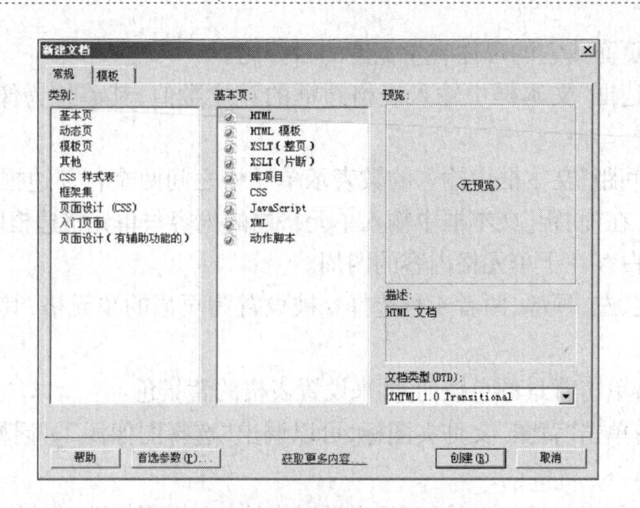

图 2.12 “新建文档”对话框

2. 保存文档

选择菜单“文件”→“保存”,打开“另存为”对话框,以名称为“20”保存,单击保存按钮,如图 2.13 所示。

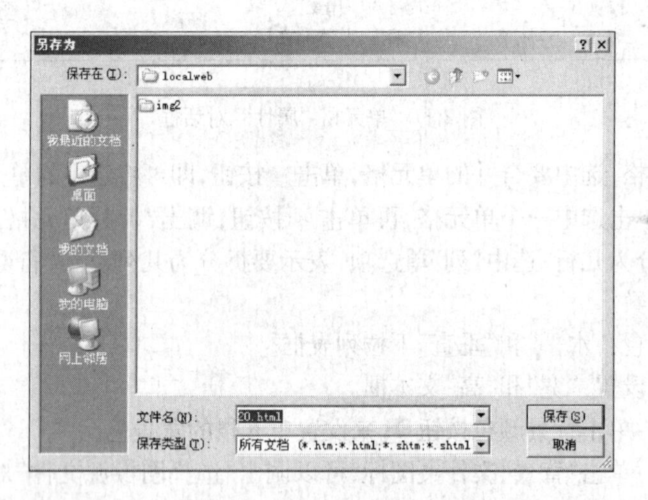

图 2.13 “新建文档”对话框

3. 设置页面属性

单击“修改”→“页面属性”命令,调出“页面属性”面板。利用该对话框导入一幅图像“20. jpg”,作为网页的背景图像,单击“确定”按钮,如图 2.14 所示。

4. 插入标题文字

在文档的“设计”视图窗口内,单击窗口内部,输入“卡通介绍”文字,然后用鼠标选中这些文字,在文字的“属性”栏内进行文字属性的设置,在“格式”下拉列表框中选择“标题 1”选项,使文字为标题 1 格式;字体设置为华文楷体,大小设置为 72。单击“文本颜色”按钮,调出颜色面板,利用它设置文字的颜色为棕色;单击“居中对齐”按钮,使文字居中排列;单击 B 按钮,使文字加粗,如图 2.15 所示。

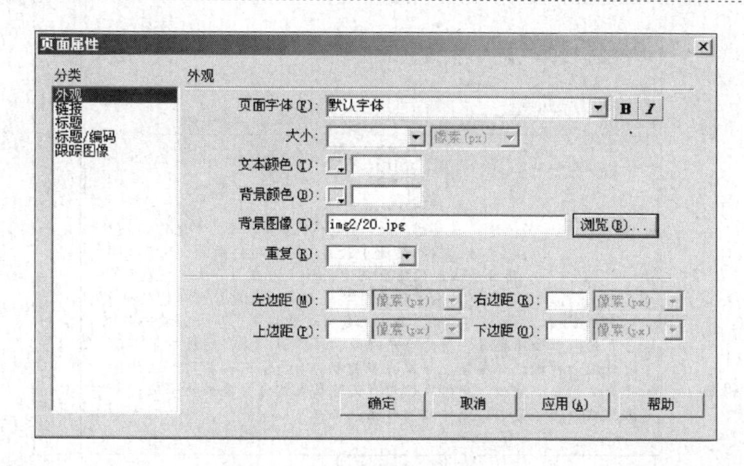

图 2.14　“页面属性”对话框

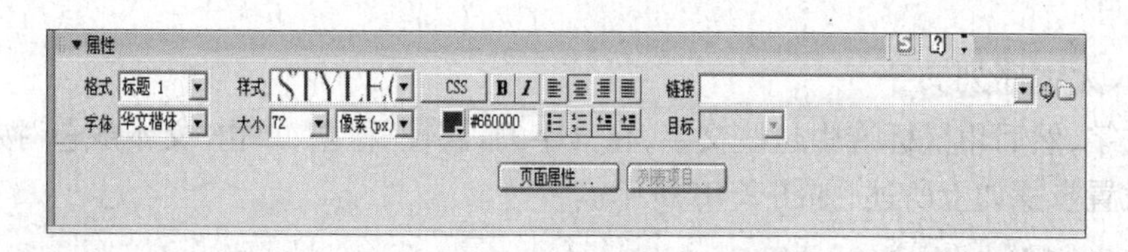

图 2.15　标题文字属性

5. 插入正文文字

输入正文文字，在文字的“属性”栏内进行文字属性的设置，在“格式”下拉列表框中选择“段落”选项；字体设置为华文楷体，大小设置为 24。单击“文本颜色”按钮，调出颜色面板，利用它设置文字的颜色为棕色；单击“居左对齐”按钮，使文字居左排列；单击按钮，使文字加粗，如图 2.16 所示。

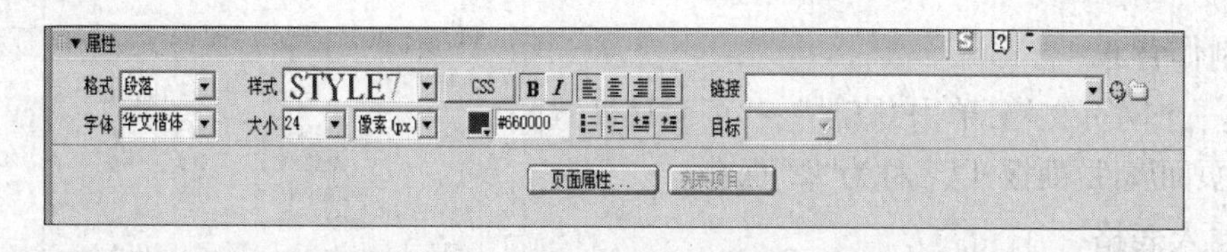

图 2.16　正文文字属性

6. 插入图片

(1)用鼠标拖曳“插入”(常用)面板内的按钮到网页内，可以调出“选择图像源文件”对话框，如图 2.5 所示。

(2)在“选择图像源文件”对话框选中一幅长城图像文件“20. gif”，在“选择图像源文件”对话框内的“相对于”下拉列表框内选择“文档”选项，在“URL”文本框内会给出该图像文件的相对于当前网页文档的路径和文件名“img2 /20. gif”。然后单击“确认”按钮，即可将选定的图像加入到页面的光标处。

(3)单击选中插入的图像，在其“属性”栏的“对齐”下拉列表框中选择“右对齐”选项，拖曳图像四周的黑色方形控制柄，调整它的大小，此时的图像和文字关系如图 2.17 所示。

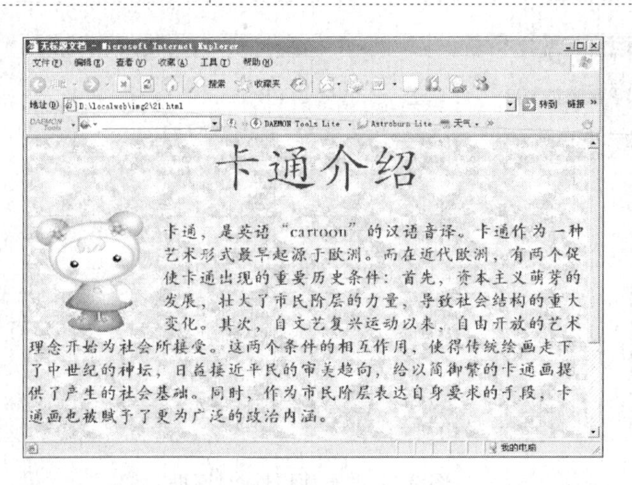

图 2.17　图像和文字关系图

7. 插入无序序列文字

输入文字，然后用鼠标选中这些文字，在文字的“属性”栏内，单击“文本颜色”按钮，其他文字属性的设置步骤如上所述，如图 2.18 所示。

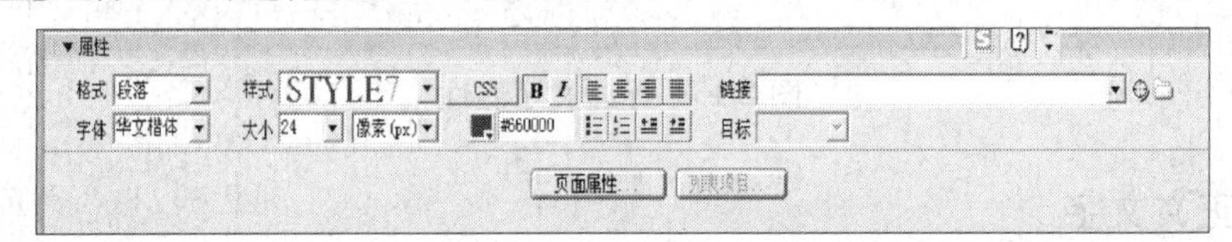

图 2.18　无序序列文字属性

此网页整体效果图如图 2.1 所示。

实例二　创建“卡通展示”网页

1. 制作背景

新建一个网页文档，单击“修改”→“页面属性”命令，调出“页面属性”面板，以名称为“22”保存。

2. 插入表格

操作“插入”→“表格”命令，插入一个 3 行 4 列的表格。在表格的“属性”栏内设置“填充”和“间距”为 3 像素，“边框”为 1 像素，如图 2.19 所示。

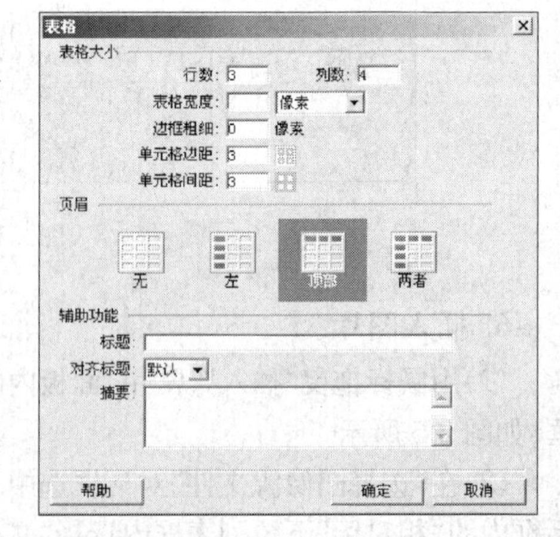

图 2.19　表格“对话框”

3. 表格布局

(1)选中表格，在“属性”栏中的“对齐”下拉列表中选择“居中”。

(2)用鼠标拖曳选中第 1 行所有单元格。右击选中的单元格，调出表格的快捷菜单，再单击该菜单中的“表格”→“合并单元格”菜单命令，将选中的单元格合并成一个单元格，如图 2.20所示。

(3)选中第 1 行单元格，单击“背景”文件夹图标，调出“选择图像源文件”对话框，选择图片

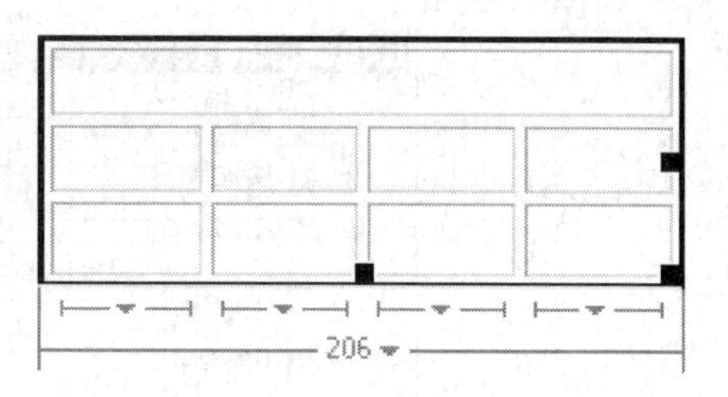

图 2.20 表格布局

"20. gif",输入文字。文字设置参考实例 1。

4. 插入行

(1)选中第 3 行,设置行属性"水平"、"垂直"均为居中,输入文字。

(2)选中第 3 行第 1 列单元格,右击选中的单元格,调出表格的快捷菜单,再单击该菜单中的"表格"→"插入行"菜单命令,新建第 4 行。按照第 1 行操作合并第 4 行。选中第 4 行单元格,单击"背景颜色"按钮,设置单元格背景色为淡绿色,输入文字。文字设置参考实例 1。

5. 插入图片

选中第 2 行第 1 列单元格,操作"插入"→"图像"命令,调出"选择图像源文件"对话框,选择图片"21. gif",单击"确定"按钮后,弹出"图像标签辅助功能属性"对话框,如图 2.21 所示。

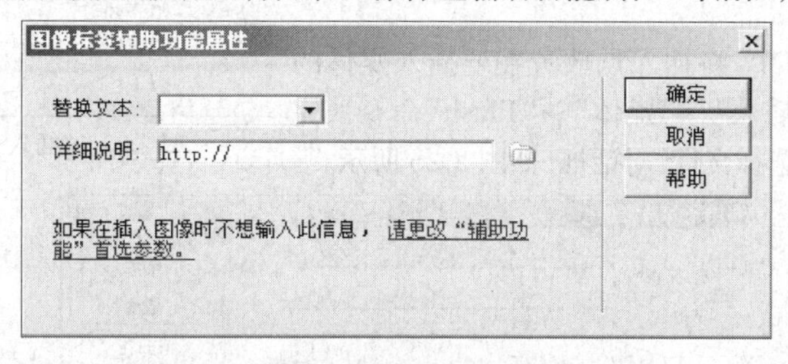

图 2.21 "图像标签辅助功能属性" 对话框

在替换文本内输入"第一幅图案",单击"确定"按钮。重复上述操作,分别在第 2 行第 2~4 列单元格内各插入一幅图片。效果如图 2.2 所示。

第三部分 案例拓展与讨论

自学与拓展

(1)插入鼠标经过图像

在"文档"窗口中,将插入点放置在要显示鼠标经过图像的位置。可以使用以下方法之一插入鼠标经过图像。

方法 1:在"插入"栏中,选择"常用",然后单击"鼠标经过图像"图标。

方法 2:在"插入"栏中,选择"常用",然后将"鼠标经过图像"图标拖到"文档"窗口中的所需位置。

方法 3:选择菜单"插入"→"图像对象"→"鼠标经过图像"命令。

完成上述操作之一显示"插入鼠标经过图像"对话框,如图 2.22 所示。

通过浏览按钮设置原始图像和鼠标经过图像。设置完成后,在浏览器中当鼠标移到原始图像上时出现鼠标经过图像。

(2)插入日期

在"文档"窗口中,将插入点放置在要插入日期的位置。选择菜单"插入"→"日期"命令。完成上述操作显示"插入日期"对话框,如图 2.23 所示。

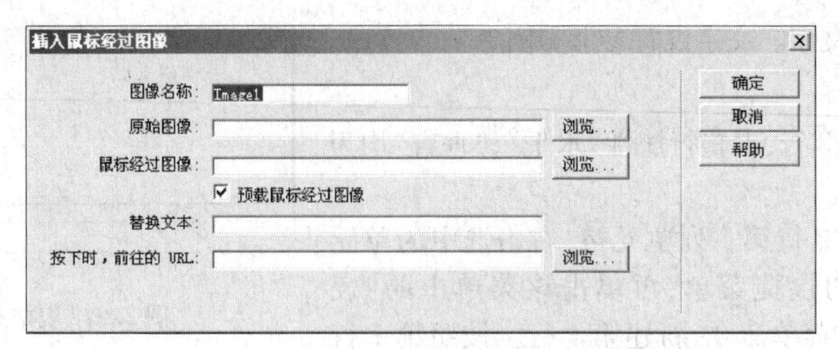

图 2.22 “插入鼠标经过图像”对话框

(3)插入电子邮件地址

在“文档”窗口中,将插入点放置在要插入日期的位置。选择菜单“插入”→“电子邮件链接”命令。完成上述操作显示“电子邮件链接”对话框,如图 2.24 所示。

(4)插入媒体

在“文档”窗口中,将插入点放置在要插入媒体的位置。选择菜单“插入”→“媒体”→“Flash”命令。完成上述操作显示“选择文件”对话框,如图 2.25 所示。

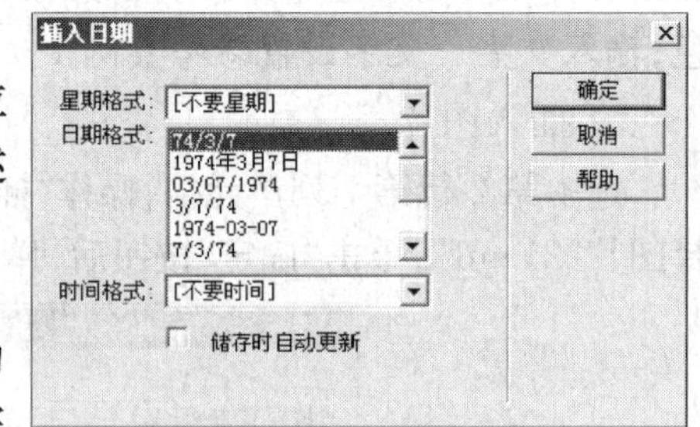

图 2.23 “插入日期”对话框

图 2.24 “电子邮件链接”对话框

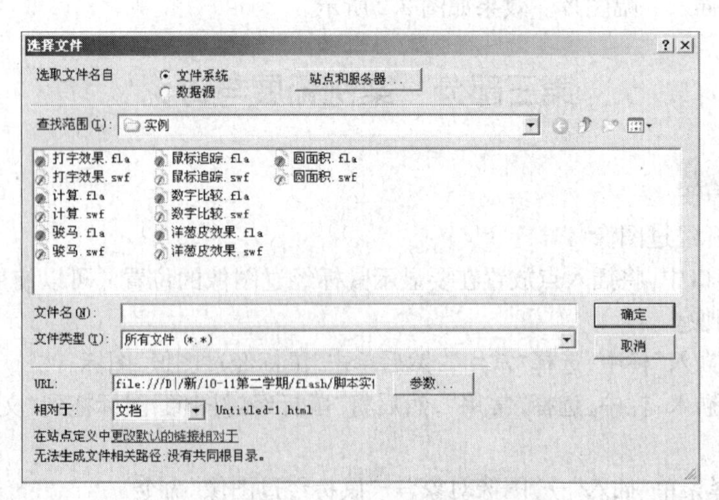

图 2.25 “选择文件”对话框

学习讨论题

(1)仿照实例 1 制作一个班级宣传页面。

(2)调整图像对齐的对齐方式有几种?

案例三　制作超级链接

案例情境

(1)指导学生制作一个卡通销售页及相关链接页面,实现文本、图片等的超级链接。通过本实例学生可以学习文本和图片链接的设置、电子邮件和锚点链接的设置、跳转菜单的设置、下载链接的设置等。

(2)指导学生制作本案例中的一个卡通销售页的图片链接,以及实现图片超级链接的网页。通过本实例学生可以学习图片的超级链接的设置。

(3)指导学生制作本案例中的一个卡通销售页的电子邮件的超级链接。通过本实例学生可以学习电子邮件的超级链接的设置。

(4)指导学生制作本案例中的一个卡通销售页的锚记链接。通过本实例学生可以学习锚记链接的设置。

(5)指导学生制作本案例中的一个卡通销售页的跳转菜单的设置。通过本实例学生可以学习跳转菜单的设置。

(6)指导学生制作本案例中的一个卡通销售页的下载链接。通过本实例学生可以学习下载链接的设置。

第一部分　知识准备

超级链接是整个 WWW 应用的核心和基础,是网页设计中页面组成的最基本的元素之一,不论是文字还是图像,都可以设置超级链接。通过本章的学习,能实现的主要目标有:

了解超级链接在网页中的应用种类;

了解链接路径的类型,并能合理应用;

掌握各种链接方式的实现方法,并能灵活应用;

了解各种链接方式的作用和目的。

我们浏览网页时,通常会发现当鼠标指针经过某些文本或图形时,鼠标指针变成了一只小手( )的样子,如果我们点击鼠标左键,会打开另一个网页或跳转到当前页面的其他位置,这就是使用了超级链接来实现的。我们在这一章将要讲述在网页上设置超级链接,可以把成千上万的网页连成一体。

超级链接是网页设计的基础知识。一个完整的超级链接有两个端点——源端点和目标端点。源端点是指向目标链接位置的载体,它含有到达目标端点的路径或 URL,它可以是文本、图像或按钮等。目标端点即按路径或 URL 到达位置后所打开的对象,它可以是任何网络资源。

知识点一　链接路径

路径是对存放文档位置的描述,在因特网中,这种描述方式使用 URL(统一资源定位符)定义。

URL 是 Uniform/Universal Resource Locator 的缩写,译为统一资源定位符,也被称为网页地址。它是因特网上标准的资源的地址。URL 使用统一的格式描述信息资源,它由以下 3 部分组成。

第 1 部分:协议或称服务方式。

第 2 部分:该资源所在主机的 IP 地址(或是端口号)。

第 3 部分:主机资源的具体地址,如目录、文件夹、文件名等。

比如 http://baike.baidu.com/view/1496.htm,其中"http"协议是第一部分;"baike.baidu.com"是服务器,是第二部分的一种表现形式;"/view/1496.htm"是路径。

我们在使用网页浏览器时会注意到,大多数网页浏览器不要求用户输入网页中"http://"的部分,因为绝大多数网页内容是超文本传输协议文件。"80"是超文本传输协议文件的常用端口号,一般也不必写明。由于超文本传输协议允许服务器将浏览器重定向到另一个网页地址,因此,许多服务器允许用户省略网页地址中的部分,比如 www。

链接路径是指作为链接起点的源端点到目标端点之间的路径,要正确创建链接,必须了解链接与被链接之间的路径关系。每个网页都有唯一的地址,称为 URL。一般创建内部链接,即同一站点内文档间的链接时,不需要指定完整的 URL,只需指定相对于当前文档或站点的根文件夹的路径。

在网站制作过程中,使用 3 种文档路径类型:绝对路径、文档相对路径和站点相对路径。

(1)绝对路径:就是文档的完整 URL,包括传输协议,例如 http://www.baidu.com。

(2)文档相对路径:以当前文档所在位置为起点到被链接文档经由的路径。这是用于本地链接的最方便的表述方式。例如 /1496.htm 就是一个文档的相对路径。

文档间的相对路径省去了当前文档和被链接文档间的完整 URL 中相同的部分,只留下不同的部分。

(3)站点相对路径:从站点根文件夹(即一级目录)到链接文档经由的路径。根相对路径由前斜杠开头,它代表站点的根文件夹,例如 /view/1496.htm。

知识点二　文本、图片链接的设置

1. 文本链接

文本链接是用文字建立链接,这是最常用的功能,占用极少的资源且便于维护。可以通过多种方法实现。

方法 1:选中要链接的文本,选择"插入"工具栏的常用标签中的超级链接按钮,打开超级链接对话框,如图 3.1 所示。

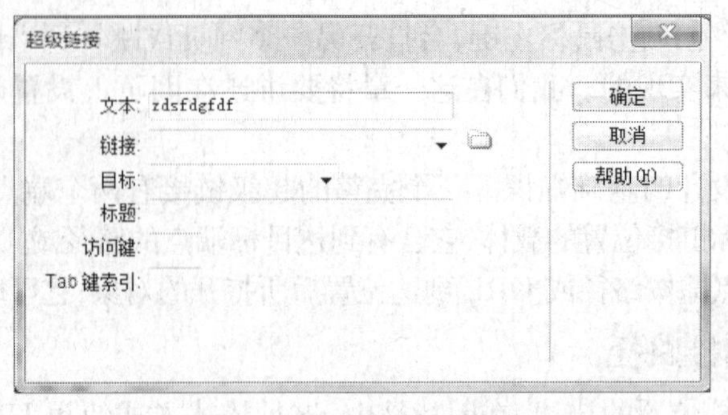

图 3.1　"超级链接"对话框

在该对话框中进行设置。

"文本"文本框中输入要在文档中作为超级链接源端点的文本。

"链接"文本框中输入要链接到的目标端点的资源路径,或单击文件夹图标通过浏览方式选择。

在"目标"文本框中的下拉菜单中进行选择,如图 3.2 所示,设置链接网页的打开方式。

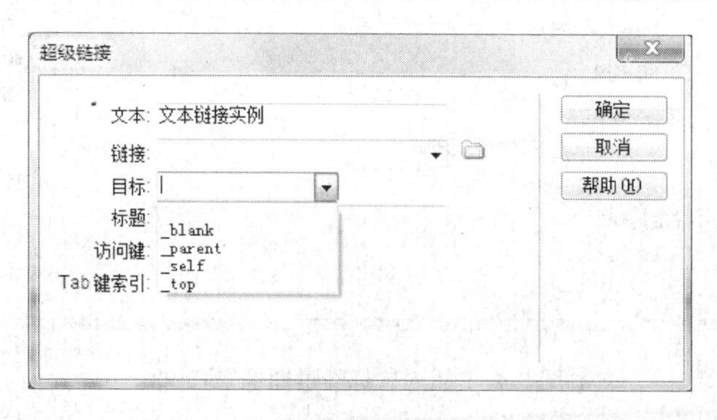

图 3.2 "超级链接"对话框

不同打开方式的实现。

_blank 在新的浏览器窗口打开连接的文档,同时保持当前窗口不变。

_parent:在父窗口的框架中打开链接文件。如果这个父窗口中该部分内容是显示在下级窗口中的,如某些网站中的滚动窗口等,那么这个链接内容会显示在这个小窗口中。如果这个链接框架不是嵌套的,那么直接在该窗口中显示新的网页内容。

_self:在同一框架或窗口中打开链接的文件。此项为默认值,不需重新指定。

_top:在当前浏览器中打开链接文件,删除之前的所有框架内容。

在"标题"文本框中输入超级链接的标题。

在"访问键"文本框中输入一个字母,以便在浏览器中选择该超级链接。

在"Tab 键索引"文本框中输入 Tab 键顺序的编号。

完成相关设置后,单击"确定"按钮即可。

方法 2:选中要链接的文本,在对应的"属性"检查器中(如图 3.3 所示),"链接"文本框中输入要链接到的目标端点的资源路径,或单击文件夹图标通过浏览方式选择,也可以单击指向文件按钮,按住鼠标左键拖动指向目标端点。

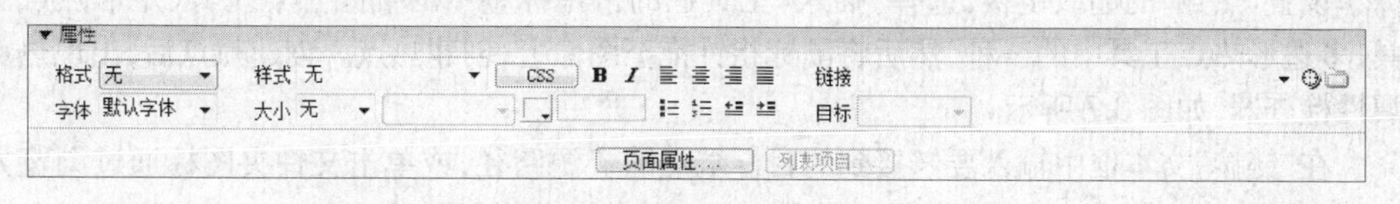

图 3.3 链接"属性"检查器

方法 3:文本链接的代码实现方式。基本语法:

<a href = "URL">显示文本< /a>

2. 图像链接

图像链接使用图像为链接源端点。设置图像的超级链接与文本超级链接的设置非常相似,只是选中的源端点不是文本,而是图像或者图像占位符。

还可以设置“鼠标经过图像”的超级链接和“热点”的超级链接。

在设置“鼠标经过图像”的超级链接时，选择“插入”工具栏的常用标签中的鼠标经过图像按钮，打开的插入鼠标经过图像对话框，如图3.4所示。

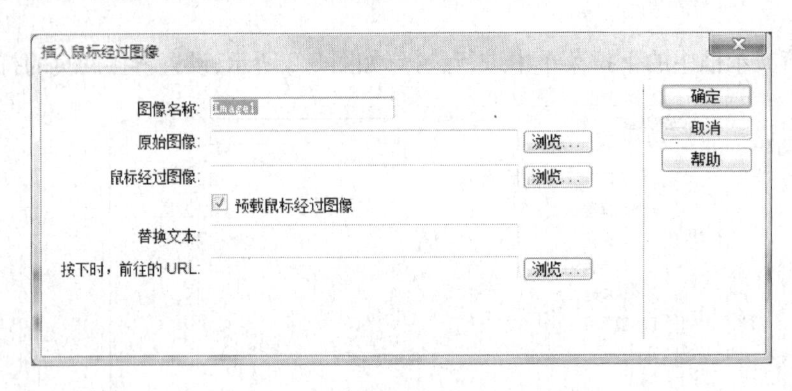

图 3.4 “插入鼠标经过图像”对话框

在该对话框中进行设置。

在“图像名称”文本框中输入图像名称。

在“原始图像”文本框中输入原始图像的文件路径，或单击“浏览”进行选择。

在“鼠标经过图像”文本框中输入鼠标经过之后的图像的文件路径，或单击“浏览”进行选择。

在“替换文本”文本框中输入希望在纯文本浏览器或设为手动下载图像的浏览器中作为替换文本出现的文本。

在“按下时，前往的 URL”文本框中输入要链接到的目标端点的资源路径，或单击“浏览”进行选择。

完成相关设置后，单击“确定”按钮即完成了“鼠标经过图像”的超级链接的设置。

如果将图像分为多个区域，那么每个区域我们称为“热点”，当用户单击某个热点时，会发生某种操作。比如在中国各地天气预报的地图版中，当我们的鼠标移动到地图的某个位置的时候，会相应地显示该区域的天气信息，当鼠标移动到“北京”这个位置的时候所显示的信息，如图3.5所示。当我们双击某个热点，会显示当前热点所对应的超级链接信息；双击“湖北”热点后所显示的信息，如图3.6所示。

设置“热点”的超级链接，选择“插入”工具栏的常用标签中的椭圆热点工具、矩形热点工具、多边形热点工具中的一种，然后将鼠标指针拖至图像上，创建热点。创建热点后，出现热点属性检查器，如图3.7所示。

在“链接”文本框中输入要链接到的目标端点的资源路径，或单击文件夹图标通过浏览方式选择，也可以单击指向文件按钮，按住鼠标左键拖动指向目标端点。

在“目标”文本框中的下拉菜单中进行选择，设置链接网页的打开方式。不同打开方式的实现如下。

_blank：在新窗口中打开链接的文件。

_parent：在父窗口的框架中打开链接文件。如果这个父窗口中该部分内容是显示在下级窗口中的，如某些网站中的滚动窗口等，那么这个链接内容会显示在这个小窗口中；如果这个链接框架不是嵌套的，那么直接在该窗口中显示新的网页内容。

图 3.5　中国各地天气预报地图版

图 3.6　湖北各地天气预报地图版

▼属性
热点　链接 #
目标　替换
地图 Map2

图 3.7　热点“属性”检查器

_self:在同一框架或窗口中打开链接的文件。此项为默认值,不需重新指定。

_top:在当前浏览器中打开链接文件,删除之前的所有框架内容。

在"替换"文本框中输入希望在纯文本浏览器或设为手动下载图像的浏览器中作为替换文本出现的文本。

另外图像链接的代码实现方式为:<a href = "URL"><img src = "图片文件名"></a>

知识点三 电子邮件、命名锚记链接的设置

1. 电子邮件的链接

建立一个指向的链接,方便网络沟通。

方法1:将插入点放在希望出现电子邮件链接的位置,或者选择要作为电子邮件链接出现的文本或图像。选择"插入"工具栏的常用标签中的电子邮件链接按钮,打开电子邮件链接对话框,如图3.8所示。

图3.8 "电子邮件链接"对话框

在"文本"框中,键入或编辑电子邮件的正文。

在"E-Mail"框中,键入电子邮件地址,然后单击"确定"按钮。

方法2:选择要作为电子邮件链接出现的文本或图像,在属性检查器的"链接"框中键入"mailto:",后跟电子邮件地址。

注意:在冒号与电子邮件地址之间不能键入任何空格。

2. 命名锚记的链接

通常是一段文本的内部链接,如单击每章的小标题会跳到本章对应的节等,常常用于内容比较庞大烦琐的网页,通过单击锚记,能够快速定位到网页的特定位置。

创建到命名锚记的链接的过程分为两步。首先,创建命名锚记,然后创建到该命名锚记的链接。不能在绝对定位的元素(AP元素)中放入命名锚记。

第1步:将插入点放在需要命名锚记的地方,选择"插入"工具栏的常用标签中的命名锚记按钮,打开命名锚记对话框,如图3.9所示。

图3.9 "命名锚记"对话框

在"锚记名称"框中,键入锚记的名称,然后单击"确定"按钮。锚记标记在插入点处出现。如果看不到锚记标记,可选择"查看"→"可视化助理"→"不可见元素"。

注意:锚记名称不能包含空格。

第2步:选择要从其创建链接的文本或图像,在属性检查器的"链接"框中,键入一个数字符号(#)和锚记名称。例如,若要链接到当前文档中名为"top"的锚记,请键入"#top"。若要链接到同一文件夹内其他文档中的名为"top"的锚记,请键入"filename.html#top"。锚记名称在应用时严格区分大小写。

知识点四　跳转菜单的设置

跳转菜单是文档内的弹出菜单，对站点访问者可见，并列出链接到文档或文件的选项。可以创建到整个 Web 站点内文档的链接、到其他 Web 站点上文档的链接、电子邮件链接、到图形的链接，也可以创建到可在浏览器中打开的任何文件类型的链接。

选择“插入”工具栏的表单标签中的跳转菜单按钮，打开“插入跳转菜单”对话框，如图 3.10 所示。

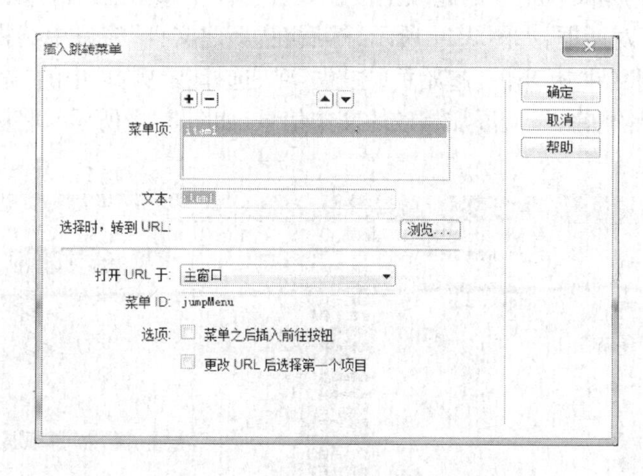

图 3.10　“插入跳转菜单”对话框

其中加号和减号按钮：单击加号可插入项；再单击加号会再添加另外一项。要删除项目，请选择它，然后单击减号。

箭头按钮：选择一个项目后，单击箭头即可在列表中上下移动它。

在“文本”文本框中输入未命名项目的名称。如果菜单包含选择提示（如“选择其中一项”），请在此处键入该提示作为第一个菜单项（如果是这样，还必须选择底部的“更改 URL 后选择第一个项目”）。

在“选择时，转到 URL”文本框中输入要链接到的目标端点的资源路径，或单击“浏览”进行选择。

“打开 URL 于”是指定是否在同一窗口或框架中打开文件。如果要使用的目标框架未出现在菜单中，可关闭“插入跳转菜单”对话框，然后命名该框架。

菜单之后插入前往按钮：选择插入“转到”按钮，而不是菜单选择提示。

更改 URL 后选择第一个项目：选择是否插入菜单选择提示（“选择其中一项”）作为第一个菜单项。

知识点五　下载链接的设置

在设计网页时，有时要提供一些文件供浏览者下载，则需要设置下载文件链接，即以超级链接的方式提供文件下载服务。下载文件链接的设置是在按照一般的超级链接设置方法在对文本、图片等设置超级链接时，将目标端点设置为要下载的文件即可，这种设置是针对非网页类文件的，如实例 . ppt、photo. rar 等，如果网页类文件也需要提供下载，可以将其做成压缩包的形式来实现。

第二部分　案例实践

实例一　制作卡通销售页

1. 制作卡通销售页

本实例主要目的是实现对象的超级链接，所以在新建网页文档时，采用“文件”→“新建”命令，打开“新建文档”对话框，如图 3.11 所示，然后在“新建文档”窗口中选择“示例中的页”，然后选择对应的“示例文件夹”下的“起始页(主题)”项，选择“示例页”中的“旅游-主页”。将网页文档中的文字和图片删除，然后添加相应的文本信息，如图 3.12 所示。将网页文档以名称“卡通销售”保存。

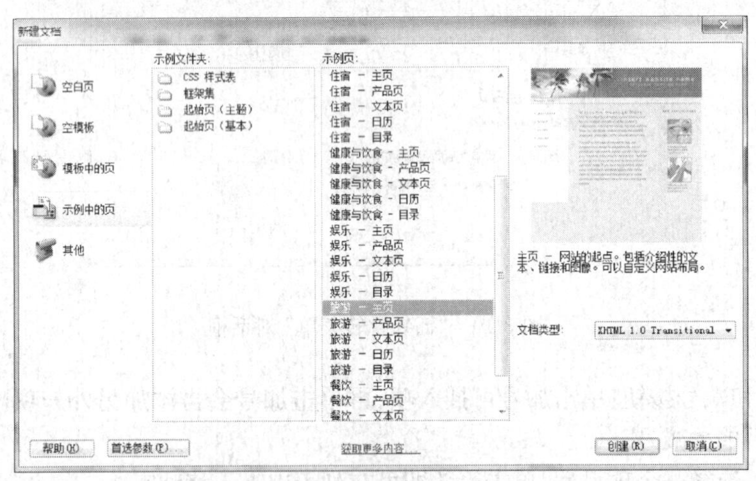

图 3.11 “新建文档”对话框

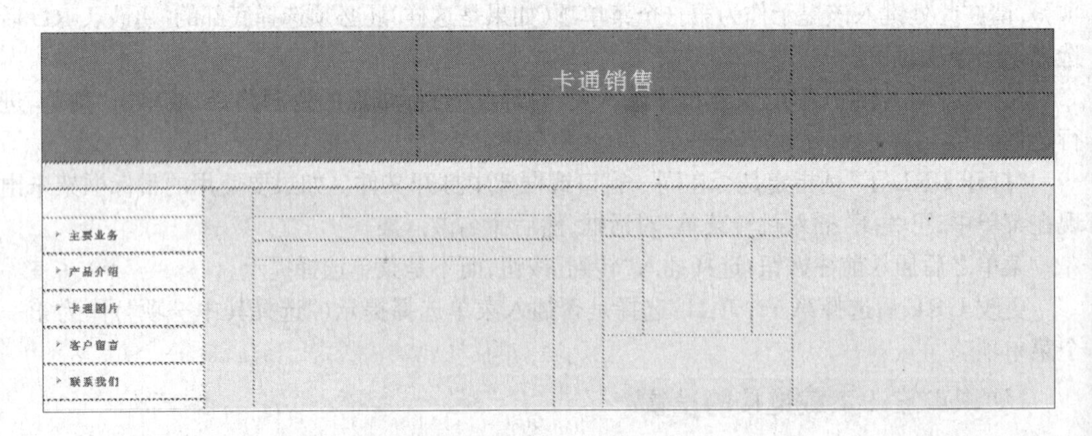

图 3.12 添加文本效果图

说明：在创建网页文档时，如果选择上述的方法实现，也可以选择“示例页”中的其他页面。也可以创建空白的网页文档。

2. 制作文本超级链接页面

与上一步骤相似，选择图 3.11 中的“旅游-目录”。将网页文档中的文字和图片删除，然后插入图片及添加相应的文本信息。效果图如图 3.13 所示。将网页文档以名称“卡通图片”保存。

图 3.13　“卡通图片”网页效果图

3. 设置文本的超级链接

在“卡通销售”网页中选中“卡通图片”文本,使用在前文中介绍的“属性”检查器的方法实现文本的超级链接。

在对应的“属性”检查器的“链接”文本框中单击文件夹图标,通过浏览方式选择“卡通图片.html”网页,如图 3.14 所示。

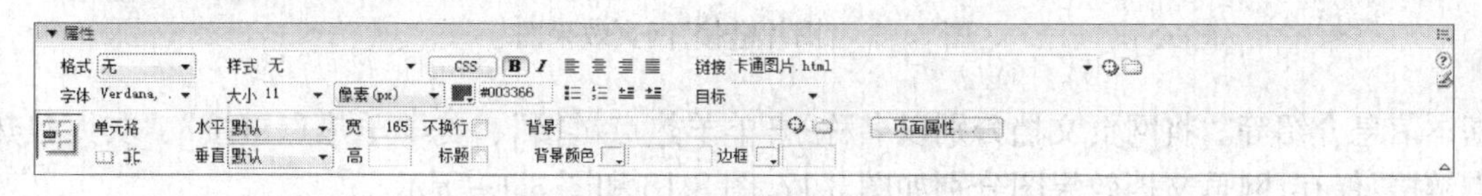

图 3.14　文本超级链接“属性”检查器

其他几种链接方式自行尝试操作实现。

4. 测试文本超级链接设置效果

选择”文件”→“在浏览器中预览”→“IExplorer”命令,打开“卡通销售”网页,通过单击“卡通图片”文本后,打开“卡通图片.html”网页,文本链接设置成功,否则重新设置文本的超级链接。

实例二　卡通销售页添加图片

1. 卡通销售页添加图片

在“卡通销售”页中插入两张图片,完成效果如图 3.15 所示。

2. 制作图片超级链接页面

新建一个空白文档,添加相应的文字信息,如喜羊羊和灰太狼的基本信息介绍等,如图 3.16所示。将网页文档以名称“图片链接”保存。

3. 制作图片热点超级链接页面

与上一步骤相似,新建几个空白文档,添加相应的文字信息,如喜羊羊、美羊羊、灰太狼的

图 3.15 添加图片效果图

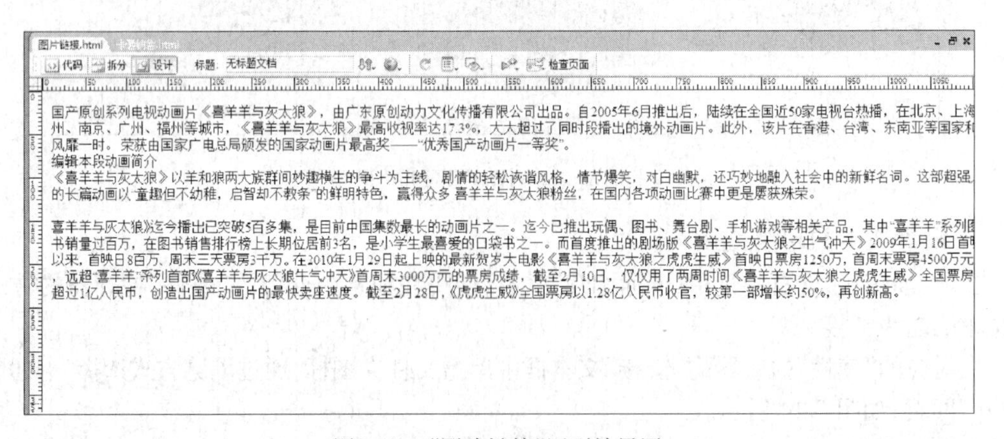

图 3.16 "图片链接"网页效果图

基本信息介绍等。将网页文档分别以名称"喜羊羊热点链接"、"美羊羊热点链接"、"灰太狼热点链接"保存,网页文档效果图分别如图 3.17、图 3.18 和图 3.19 所示。

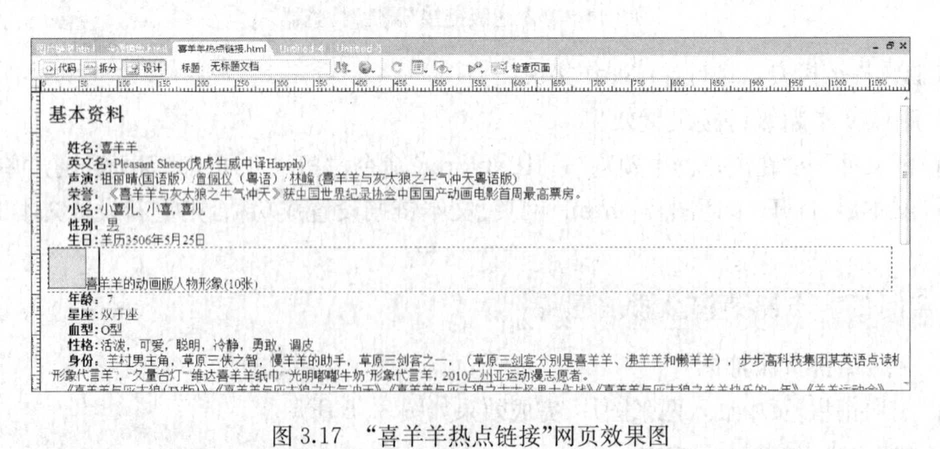

图 3.17 "喜羊羊热点链接"网页效果图

4. 设置图片的超级链接

在"卡通销售"网页中选中作为源端点的图片,使用在前文中的"属性"检查器的方法实现文本的超级链接。

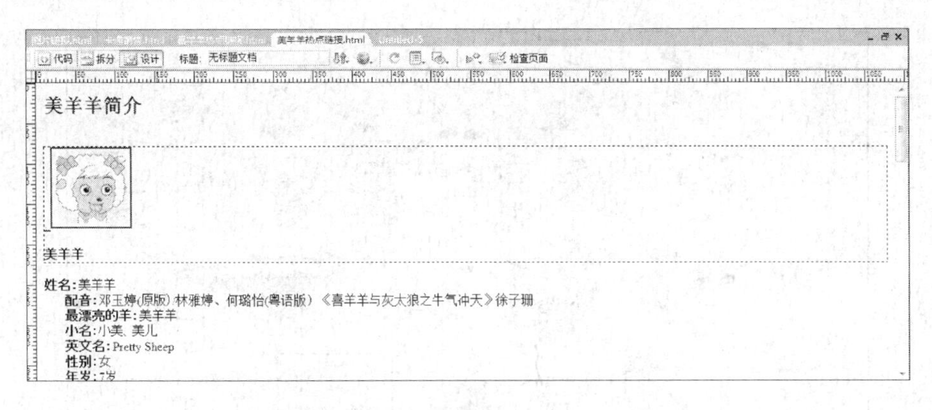

图 3.18　“美羊羊热点链接”网页效果图

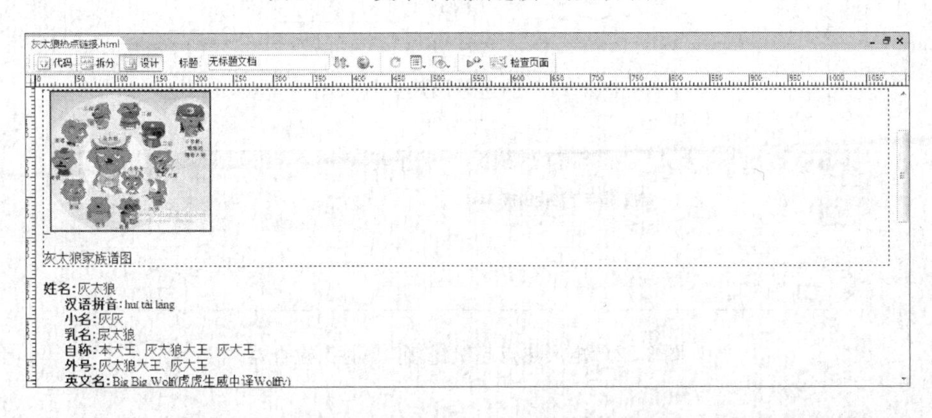

图 3.19　“灰太狼热点链接”网页效果图

在对应的“属性”检查器的“链接”文本框中单击文件夹图标通过浏览方式选择“图片链接.html”网页，如图 3.20 所示。

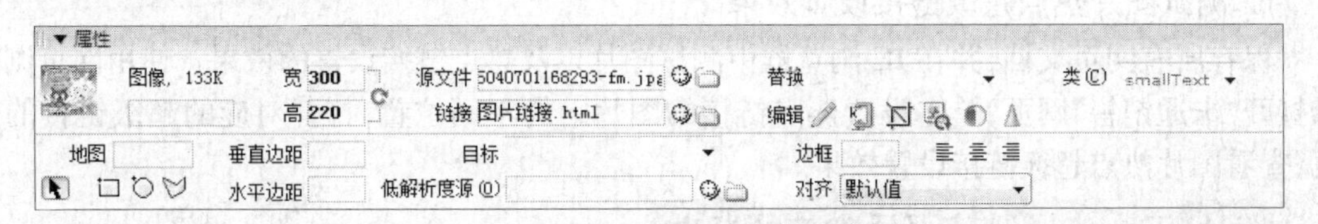

图 3.20　图片超级链接“属性”检查器

其他几种链接方式自行尝试操作实现。

5. 设置图片热点的超级链接

在“卡通销售”网页中选中作为源端点的图片，来设置图片热点的超级链接效果。

(1)选择绘制矩形热点图标□，在已选中的图片中按住鼠标左键拖动选中喜羊羊图案，创建矩形热点，如图 3.21 所示。

在对应的“属性”检查器的“链接”文本框中单击文件夹图标，通过浏览方式选择“喜羊羊热点链接.html”网页，如图 3.22 所示。

(2)以同样的方式选择绘制椭圆热点按钮○，在已选中的图片中按住鼠标左键拖动选中美羊羊图案，创建椭圆热点；在对应的“属性”检查器的“链接”文本框中单击文件夹图标，通过浏览方式选择“美羊羊热点链接.html”网页。

图 3.21　创建矩形热点效果图

图 3.22　矩形热点超级链接“属性”检查器

(3)以同样的方式选择绘制多边形热点按钮，在已选中的图片中按住鼠标左键拖动选中灰太狼图案，创建多边形热点；在对应的“属性”检查器的“链接”文本框中单击文件夹图标，通过浏览方式选择“灰太狼热点链接.html”网页。

6. 测试图片热点超级链接设置效果

保存所有网页文档，并在IE浏览器中测试图片以及热点链接设置的效果。使用网页浏览器打开“卡通销售”网页，单击设置热点链接的图片上的不同位置，打开对应的超级链接的网页，查看图片热点超级链接设置效果。

实例三　卡通销售页添加电子邮件

1. 电子邮件超级链接设置

在“卡通销售”页中选中“联系我们”文本，选择“插入”工具栏的常用标签中的电子邮件链接按钮，在弹出的电子邮件链接对话框中输入相应的电子邮件地址，如图3.23所示。

图 3.23　“电子邮件链接”对话框

2. 测试电子邮件的超级链接设置效果

保存所有网页文档,并在IE浏览器中测试电子邮件链接设置的效果。在网页浏览器中打开"卡通销售"页,单击"联系我们"文本,查看电子邮件超级链接设置的效果。

实例四　卡通销售页添加锚记链接

1. 创建锚记链接

在"灰太狼热点链接"页中,通过锚记链接实现单击目录中的小标题,页面跳转至网页文档中对应的位置。

将插入点放在需要命名锚记的地方,如正文部分"角色介绍"文本前,选择"插入"工具栏的常用标签中的命名锚记按钮,打开如图3.24所示的"命名锚记"对话框,在"锚记名称"框中,键入锚记的名称,如"角色介绍",然后单击"确定"按钮,网页文档中"角色介绍"文本前出现锚记图标,如图3.25所示。

图3.24　"命名锚记"对话框

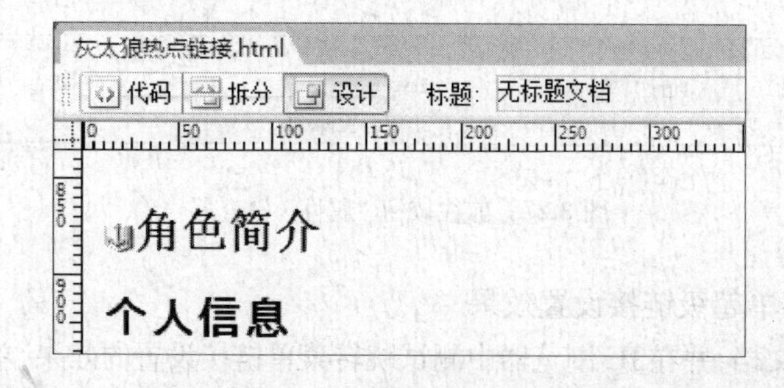

图3.25　创建锚记链接效果图

2. 设置锚记链接

选择要从其创建链接的文本或图像,如选择网页文档目录中的"角色介绍"文本,在对应的属性检查器的"链接"框中,键入一个数字符号(#)和锚记名称,即输入"#角色介绍"。

3. 测试锚记链接设置效果

保存所有网页文档,并在IE浏览器中测试锚记链接设置的效果,当单击目录中的"角色介绍"时,网页文档跳转至正文部分的"角色介绍"位置。

实例五　卡通销售页跳转菜单的设置

1. 设置跳转菜单

在"卡通销售"页中选中二级栏目"友情链接",选择"插入"工具栏的表单标签中的跳转菜单按钮，在插入跳转菜单对话框进行相应设置。如图 3.26 所示，在插入跳转菜单对话框中，在“选择时，转到 URL”文本框中输入要链接到的目标端点的资源路径“http://www.taobao.com”；选中“菜单之后插入前往按钮”复选框，“更改 URL 后选择第一个项目”复选框。

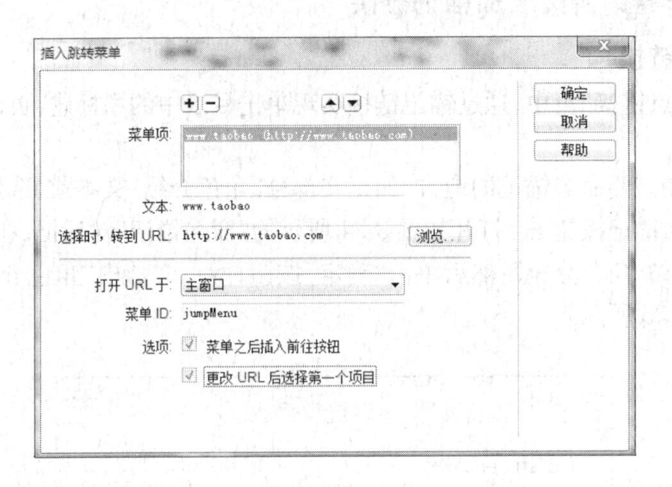

图 3.26 “插入跳转菜单”对话框

2. 修改前往按钮属性

选中“前往”按钮，在属性检查器的“值”框中输入按钮文字信息，如“淘宝网”，设置“动作”为“无”，如图 3.27 所示。

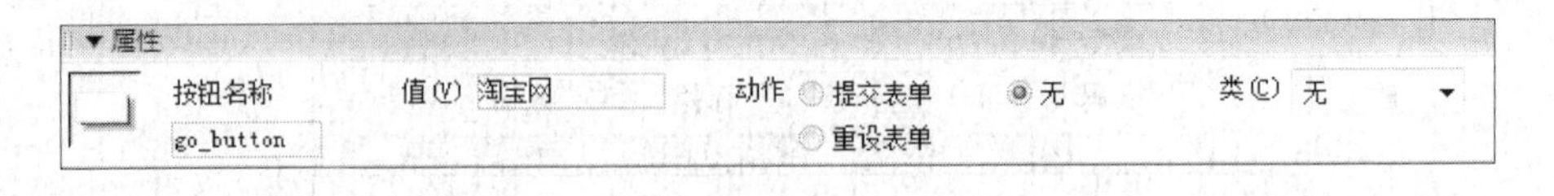

图 3.27 前往按钮“属性”检查器

3. 测试跳转菜单超级链接设置效果

保存所有网页文档，并在 IE 浏览器中测试跳转菜单链接设置的效果，单击“淘宝网”按钮，则打开 http://www.taobao.com 网站。

实例六　卡通销售页的下载链接添加

1. 设置下载链接

在“卡通销售”页中选中二级栏目“下载链接”文本，按照一般的超级链接设置方法进行超级链接设置时，将目标端点设置为要下载的文件即可，这种设置是针对非网页类文件的。

如图 3.28 所示，在目标端点选择本地站点文件夹中的“图片素材 . rar”文件。

2. 测试下载链接设置效果

保存所有网页文档，并在 IE 浏览器中测试下载链接设置的效果，单击“下载链接”，则弹出图片素材下载的对话框。

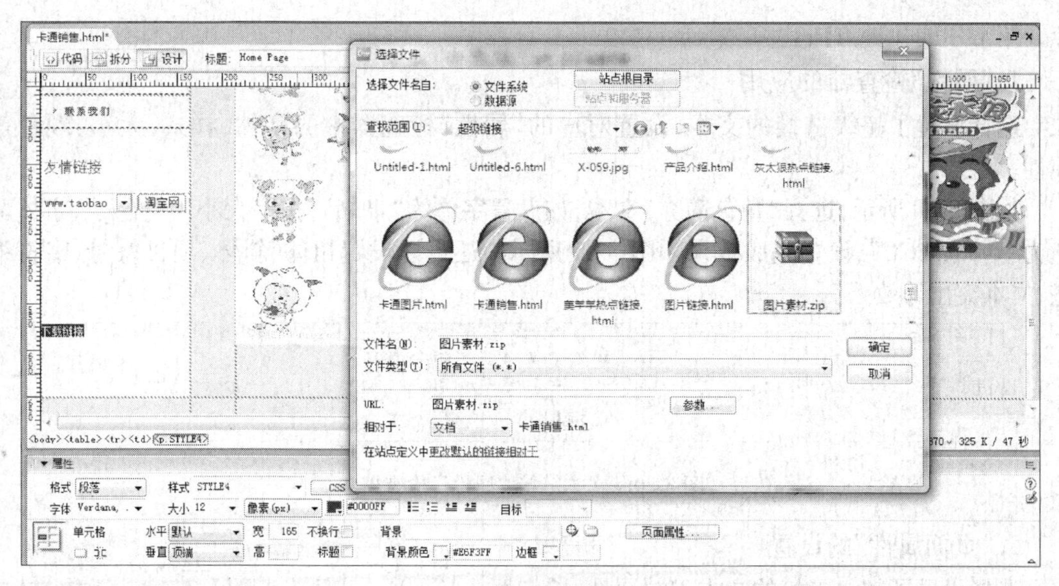

图 3.28　下载链接设置

第三部分　案例拓展与讨论

自学与拓展

文本的超级链接在网页制作中应用得非常广泛。如果不使用示例页来制作网页，在默认状态下，文字链接样式都是带下划线的，应用超级链接的文字的颜色都是蓝色，如在“灰太狼热点链接”页，如图 3.29 所示。

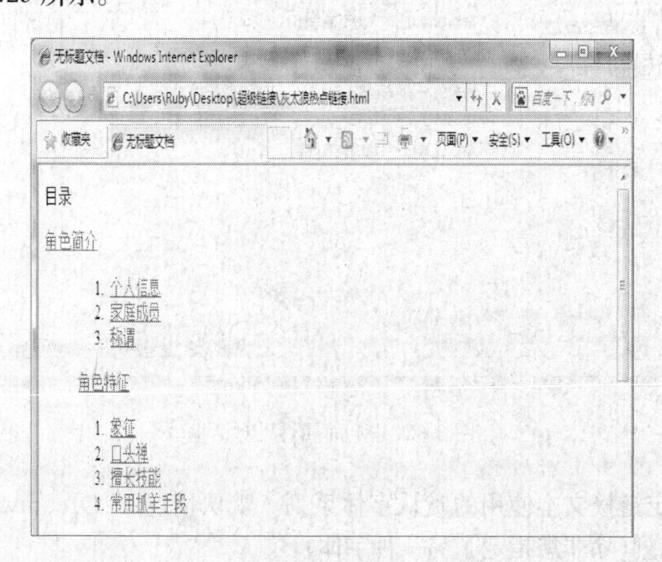

图 3.29　“灰太狼热点链接”页链接效果

这种默认的统一的外观使网页无法满足整体效果和布局的需要。那么在我们制作网页过程中，如何让我们的超级链接的外观发生改变，比如文字颜色发生变化、没有下划线等，下面重点介绍常用的几种方法。

1.“属性”检查器的应用

选择设置了超级链接的文本，设置对应的“属性”检查器中的字体、样式、大小、颜色等属性。

如图3.30所示，选择“角色简介”文本，如设置字体为“隶书”，文字大小为“极大”，字体颜色为“#33CCCC”，设置完成效果如图3.31所示。还可以设置粗体、斜体、项目符号、字符缩进、文本突出等效果。

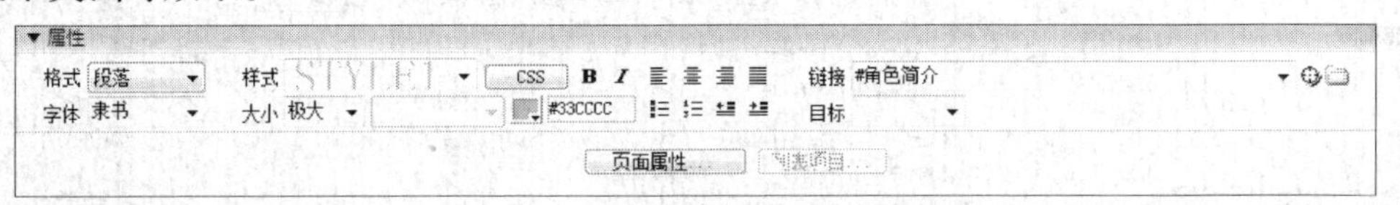

图3.30 文本链接“属性”检查器

2.“页面属性”的设置

选择设置了超级链接的文本，在“属性”检查器中单击“页面属性”按钮，或者选择菜单项“修改”→“页面属性”命令，打开“页面属性”对话框，选择“分类”→“链接”，如图3.32所示。

在“页面属性”对话框可以定义默认字体、字体大小、链接的颜色、已访问链接的颜色以及活动链接的颜色。

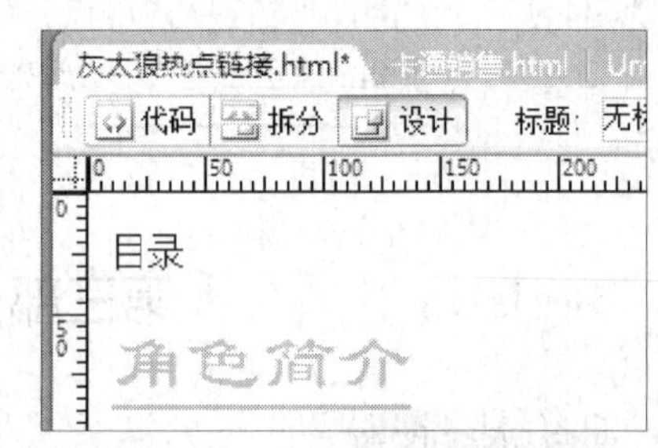

图3.31 文本链接改变效果

图3.32 “页面属性”对话框

链接字体：指定链接文本使用的默认字体系列。默认情况下，Dreamweaver使用为整个页面指定的字体系列(除非您指定了另一种字体)。

大小：指定链接文本使用的默认字体大小。

链接颜色：指定应用于链接文本的颜色。

已访问链接：指定应用于已访问链接的颜色。

变换图像链接：指定当鼠标(或指针)位于链接上时应用的颜色。

活动链接:指定当鼠标(或指针)在链接上单击时应用的颜色。

下划线样式:指定应用于链接的下划线样式。如果页面已经定义了一种下划线链接样式(例如,通过一个外部 CSS 样式表),“下划线样式”菜单默认为“不更改”选项。该选项会提醒您已经定义了一种链接样式。如果您使用“页面属性”对话框修改了下划线链接样式,Dreamweaver 将会更改以前的链接定义。

例如我们在“下划线样式”下拉菜单中选择“始终无下划线”,则链接的文字的下划线就消失了,效果如图 3.33 所示。

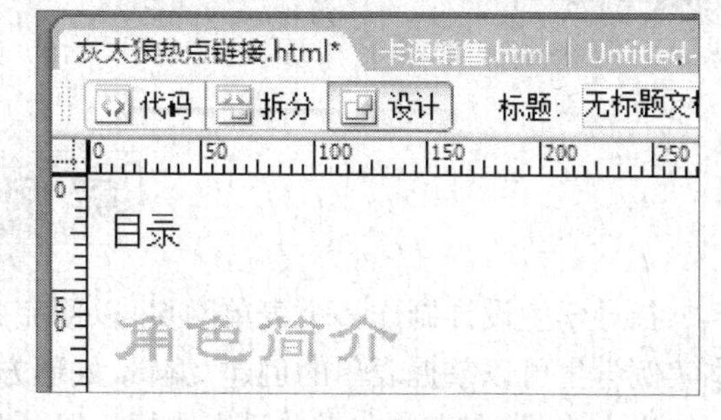

图 3.33　文本链接无下划线效果

以上介绍的几种方法中,举例演示了超级链接外观改变的某些设置。在实验过程中,通过设置不同选项来控制页面链接的效果;尝试改变链接颜色、变换图像链接、已访问链接和活动链接的颜色,查看页面中超级链接设置的效果,尝试改变下划线样式,改变超级链接文字的样式等。

学习讨论题

(1)如果希望一幅图像中创建多个链接区域,可以通过哪些方法实现?

(2)设置超级链接中“目标”文本框中设置链接网页的打开方式分别是什么?

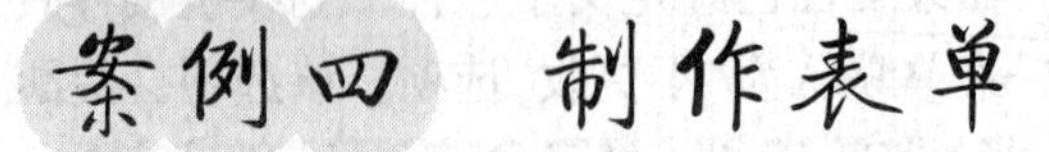

案例情境

指导学生设计制作一个表单网页，以便完成最喜爱卡通调查的任务，如图 4.1 所示。通过本实例学生可以掌握表单的创建、编辑、处理方法，以及各表单元素的功能、特点和用途的特点与使用方法；掌握表单和表单元素的标记以及各个属性等。

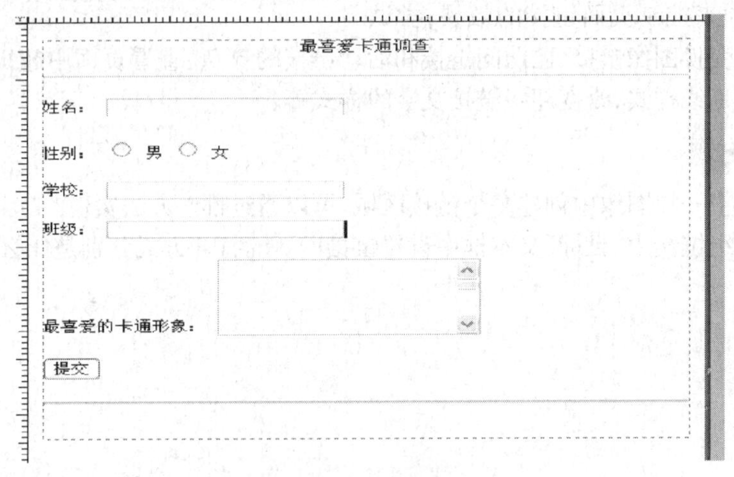

图 4.1 表单界面

第一部分 知识准备

知识点一 表单的设置

表单是网页设计制作中的一种重要技术，主要是为了获取用户输入的各种信息，实现浏览者与服务器之间的信息交互。比如，大家上网浏览信息时，经常遇到的会员注册、在线调查、信息反馈等都是通过使用表单技术来完成的。表单元素的功能需结合服务器程序与脚本语言才能发挥作用。

一个完整的表单一般由 3 个基本部分组成。

Form 标签：所有表单中的内容都要放在 Form 标签中，插入方法是在要创建表单的位置处，单击选择表单选项卡中最左边的“表单”按钮或者通过“插入”菜单中→“表单”，这时可在设计视图中出现一个红色虚线框。

表单对象：即在表单中插入表单选项卡中的文本字段、隐藏域、文本区域、复选框、单选框等对象。

提交按钮：用户输入完信息后，只有通过提交按钮才能将输入的信息发送到服务器端进行处理。

表单属性面板如图 4.2 所示。

图 4.2 表单属性面板

在"表单名称"文本框中,键入标识该表单的唯一名称。

在"方法"弹出菜单中,选择将表单数据传输到服务器的方法。POST 方法将在 HTTP 请求中嵌入表单数据。GET 方法将值附加到请求该页面的 URL 中。默认方法使用浏览器的默认设置将表单数据发送到服务器。通常,默认方法为 GET 方法。

可以使用"MIME 类型"弹出菜单指定对提交给服务器进行处理的数据使用 MIME 编码类型。默认设置 application /x-www-form-urlencode 通常与 POST 方法协同使用。如果要创建文件上传域,请指定 multipart /form-data MIME 类型。

使用"目标"弹出菜单指定一个窗口,在该窗口中显示被调用程序所返回的数据。

如果命名的窗口尚未打开,则打开一个具有该名称的新窗口。目标值内容说明参见案例三。

知识点二 表单对象的设置

在 Dreamweaver 中,表单输入类型称为表单对象。表单对象是允许用户输入数据的机制。您可以在表单中添加以下表单对象。

文本域:接受任何类型的字母、数字、文本输入内容。文本可以单行或多行显示,也可以以密码域的方式显示,在这种情况下,输入文本将被替换为星号或项目符号,以避免旁观者看到这些文本。

密码域:使用它发送到服务器的密码及其他信息并未进行加密处理。所传输的数据可能会以字母数字文本形式被截获并被读取。因此,您始终应对要确保安全的数据进行加密。

隐藏域:用于存储用户输入的信息,如姓名、电子邮件地址或偏爱的查看方式,并在该用户下次访问此站点时使用这些数据。

按钮:在单击时执行操作。通常,这些操作包括提交或重置表单。您可以为按钮添加自定义名称或标签,或使用预定义的"提交"或"重置"标签之一。

复选框:允许在一组选项中选择多个选项。用户可以选择任意多个适用的选项。

单选按钮:代表互相排斥的选择。在某单选按钮组(由两个或多个共享同一名称的按钮组成)中选择一个按钮,就会取消选择该组中的所有其他按钮。

"列表"菜单:在一个滚动列表中显示选项值,用户可以从该滚动列表中选择多个选项。"菜单"选项在一个菜单中显示选项值,用户只能从中选择单个选项。

跳转菜单:可导航的列表或弹出菜单,它使您可以插入一种菜单,这种菜单中的每个选项都链接到某个文档或文件。

文件域:使用户可以浏览到其计算机上的某个文件并将该文件作为表单数据上传。

图像域:使您可以在表单中插入一个图像。图像域可用于生成图形化按钮,如"提交"或"重置"按钮。

第二部分　案例实践

实例一　最喜爱的卡通调查页实现步骤和过程

1. 新建一个网页并输入相关信息

(1)通过“文件”菜单中的“新建”命令或者按 Ctrl + N 新建一个 html 的网页文件。

(2)在该页的第 1 行输入标题:最喜爱的卡通调查,并设置其属性:文字对齐方式为居中对齐。

(3)在标题下面添加两个水平线,插入方法:通过“插入”菜单→“HTML”→“水平线”命令或者在 HTML 代码加入<hr>即可,使下一个线换行。

2. 打开插入面板中的表单选项卡插入各种对象

遵循一个原则:看见文字,直接输入相应的内容,看见表单对象,就通过表单选项卡中相关按钮进行插入。

(1)单击插入面板中表单选项卡。

(2)将光标移到两个水平线之间,单击表单选项卡中的表单标记对象或通过“插入”菜单→“表单”,此时见到编辑区内产生一个红色虚线框,即代表该处是一组表单。

(3)输入文字:姓名,并设置其对齐方式为左对齐。

(4)单击选择表单对象文本框或“插入”→“菜单”→“表单对象”→“文本框”,使其插入在文字后。选择文本框并通过属性面板设置其属性,如图 4.3 所示。

图 4.3　文本框属性面板

文本域:在“文本域”文本框中,为该文本域指定一个名称。

每个文本域都必须有一个唯一名称。所选名称必须在该表单内唯一标识该文本域。表单对象名称不能包含空格或特殊字符。可以使用字母数字字符和下划线 (_) 的任意组合。请注意,为文本域指定的标签是将存储该域的值(输入的数据)的变量名。这是发送给服务器进行处理的值。

▲ 在“属性”检查器中设置以下任一选项。

字符宽度设置域中最多可显示的字符数。此数字可以小于“最多字符数”,“最多字符数”指定在域中最多可输入的字符数。例如,如果“字符宽度”设置为 20(默认值),而用户输入 100 个字符,则在该文本域中只能看到其中的 20 个字符。请注意,虽然无法在该域中看到这些字符,但域对象可以识别它们,而且它们会被发送到服务器进行处理。

最多字符数设置单行文本域中最多可输入的字符数。使用“最多字符数”将邮政编码限制为 5 位数,将密码限制为 10 个字符等。如果将“最多字符数”文本框保留为空白,则用户可以输入任意数量的文本。如果文本超过域的字符宽度,文本将滚动显示。如果用户输入超过最大字符数,则表单产生警告声。

行数(在选中了“多行”选项时可用)设置多行文本域的域高度。

换行(在选中了“多行”选项时可用)指定当用户输入的信息较多,无法在定义的文本区域内显示时,如何显示用户输入的内容。

▲ 类型指定域为单行、多行还是密码域。

默认为单行。当选择为多行时,其作用和插入文本域对象(实际上两个对象相同,只是为方便使用而区分)相同。当选择密码时,浏览网页并在其中输入字符时,将不显现其真实内容而以黑点形式出现(备注:根据桌面主题设置的不同,有时还会以星号 * 形式显示)。

▲初始值设定文本框中初始状态下的内容,换句话就是,如果不输入任何信息,默认显示的内容。

同样,在后面插入学校和班级 2 个文本框的方法同上。

(5)在下一行输入文字:性别。然后单击选择表单对象单选按钮或“插入”菜单→“表单对象”→“单选按钮”,显示该对象。对应属性面板显示其属性,如图 4.4 所示。

图 4.4 单选按钮属性

▲单选按钮:为单选按钮设定一名称。默认值为 radiobutton,要特别注意的是,如果为同一组单选按钮,其名称必须相同。比如,性别中的男、女是一组单选按钮,在设置时就要保证其名称相同,否则,可同时选择男、女。

▲选定值:设定选择该项后返回的值。

▲初始状态:默认为未选中,就是设置打开网页显示表单中的单选按钮时是选中状态还是未选中状态。

(6)接下来输入文字内容:最喜爱的卡通形象。然后插入多行文本框,插入方法为单击选择表单对象文本区域按钮或“插入”菜单→“表单对象”→“文本区域”,属性设置类似第(4)步,唯一不同的是在类型中选择多行即可。

(7)插入表单对象按钮,用于提交确定输入的表单内容。其属性如图 4.5 所示。

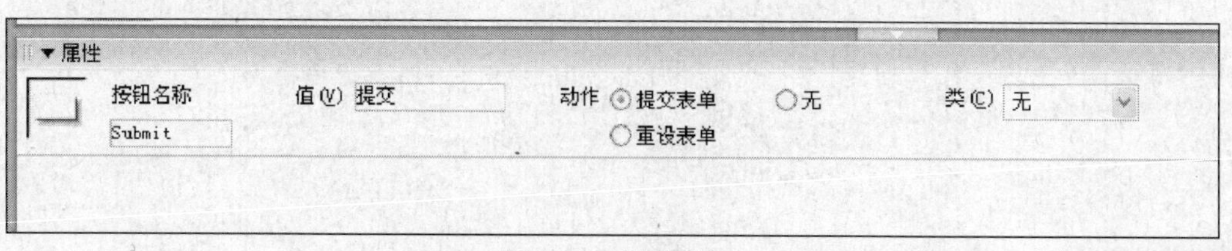

图 4.5 按钮属性

▲按钮名称为该按钮指定一个名称。“提交”和“重置”是两个保留名称,“提交”通知表单将表单数据提交给处理应用程序或脚本,“重置”将所有表单域重置为其原始值。

▲值:设置按钮上显示的文本。

▲动作:单击该按钮时发生的操作。

如果选中了“提交表单”选项,当单击该按钮时将提交表单数据进行处理,该数据将被提交到表单的“操作”属性中指定的页面或脚本。

如果选中了“重置表单”选项,当单击该按钮时将清除该表单的内容。

选择“无”选项指定单击该按钮时要执行的操作。例如,您可以添加一个 JavaScript 脚本,使得当用户单击该按钮时打开另一个页面。

类可以将 CSS 规则应用于对象。

至此,一个最喜爱的卡通形象调查表单的页面设计就完成了。

第三部分 案例拓展与讨论

自学与拓展

设置隐藏域的属性如下。

当信息从表单发送到脚本程序时,设计人员在发送一些不希望用户看见的内容时,使用的隐藏域,它提供了一个可以存储不可见元素的容器。其“属性”栏如图 4.6 所示,各选项的作用如下。

图 4.6 隐藏域的属性

(1)“隐藏区域”文本框:用来输入隐藏域的名称,以便于在程序中引用。

(2)“值”文本框:用来输入隐藏域的数值。

如果在加入隐藏域时,没有显示图标,可单击“编辑”→“首选参数”命令,调出“首选参数”对话框,再在“分类”栏中选择“不可见元素”选项。然后单击选中“表单隐藏区域”复选框,再单击“确定”按钮退出。

学习讨论题

(1)如何把表单对象放到表格中,让内容对齐显示?

(2)怎么把表单设计的更美观一些?

(3)用 HTML 代码的方式如何插入表单对象?

案例五　制作卡通游戏页(时间轴)

案例情境

(1)指导学生制作一个游戏网页,可以为卡通换头像、饰品等。通过本实例学生可以学习层的设置、表与层的转化、行为的设置。效果图如图 5.1 所示。

(2)指导学生制作一个卡通运动网页,卡通可以运动。通过本实例学生可以学习时间轴的使用。效果图如图 5.2 所示。

图 5.1　效果图 1

图 5.2　效果图 2

第一部分　知识准备

知识点一　层的设置

用表格定位的网页中的元素不能相互叠加在一起,但层无论将其放在网页什么位置都可以移动。层可以视为一种能插入各种网页对象、自由定位和容易控制的对象。

1. 层的默认属性

单击“编辑”→“首选参数”菜单命令,调出“首选参数”对话框,如图 5.3 所示。

2. 层的基本操作

(1)插入层

将光标放置要插入层的位置,执行“插入”→“布局对象”→“层”操作,系统将按默认属性插入一个新层。

(2)拖动层

单击层的边框线选中层,当鼠标指针变为双箭头时,可以任意移动层至指定位置。将鼠标

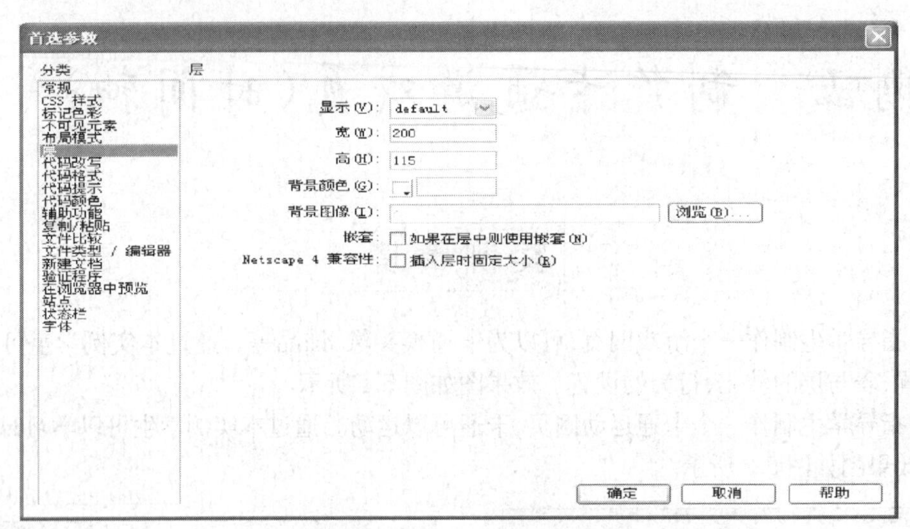

图 5.3 “首选参数”对话框

移动到层的方形控制柄处，当鼠标指针变为上、下(左、右)箭头时，拖动鼠标可以调整层的高度(宽度)。

(3)设置层属性

选中层，调出“层属性”对话框，如图 5.4 所示。

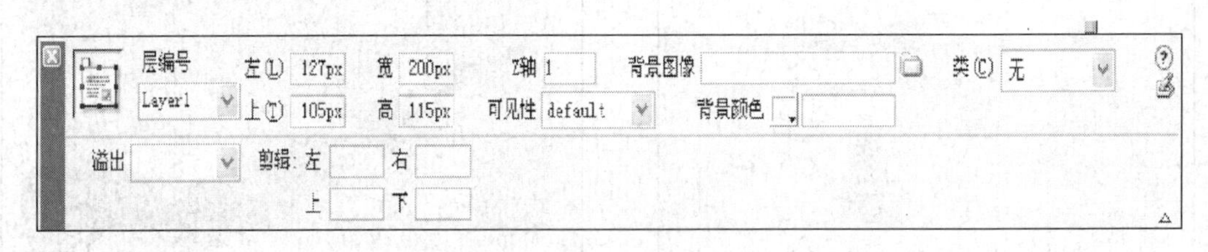

图 5.4 层属性

“层编号”用来输入层的名称。

“左”和“上”用来确定层在页面的位置，单位为像素。

“宽”和“高”用来确定层的大小，单位为像素。

“Z 轴”用来确定层的显示顺序。层的“Z 轴”值越高的层出现在值越低的层的前面。值可以为正，也可以为负。

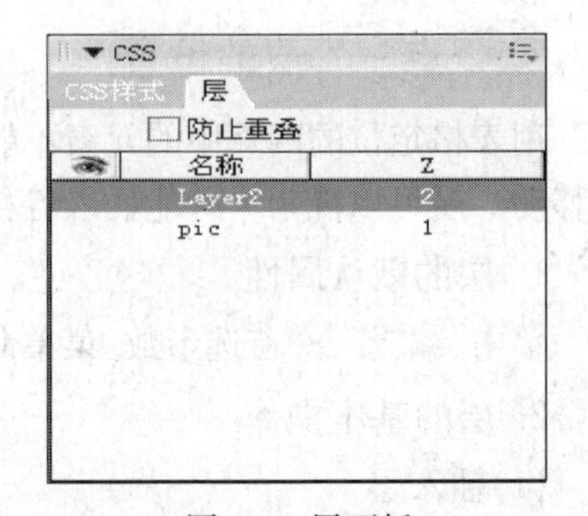

图 5.5 层面板

“可见性”用来确定层的可视性。

“背景颜色”和“背景图像”分别用来确定层的背景颜色和图案。

3. 利用“层”面板显示层属性

单击菜单栏“窗口”→“层”命令，调出“层”面板，如图 5.5 所示。双击“名称”栏可以输入新的层名称。如果选中“防止重叠”，表示不允许层之间有重叠关系。按钮处于睁开状态，表示此层可见；若处于闭合状态，表示此层不可见。默认状态下都是可见的。

知识点二　表与层的转化

相对于表格,层更容易操作,Dreamweaver 提供了一个良好的工具,表与层的转换,在层和表格之间来回转换,以调整布局并优化网页设计。不能转换页面上特定的表格或层,必须将整个页面上的层转换为表格或将表格转换为层。层和表格的相互转换便于网页版面的安排。因为表格单元不会重叠,所以 Dreamweaver 不会把重叠的层转换为表格。空单元格不会转换为层。

1. 转换层为表格

选择层,单击菜单栏"修改"→"转换"→"层到表格"命令,调出"转换层为表格"对话框,如图 5.6 所示。

2. 转换层为表格

选择层,单击菜单栏"修改"→"转换"→"表格到层"命令,调出"转换表格为层"对话框,如图 5.7 所示。

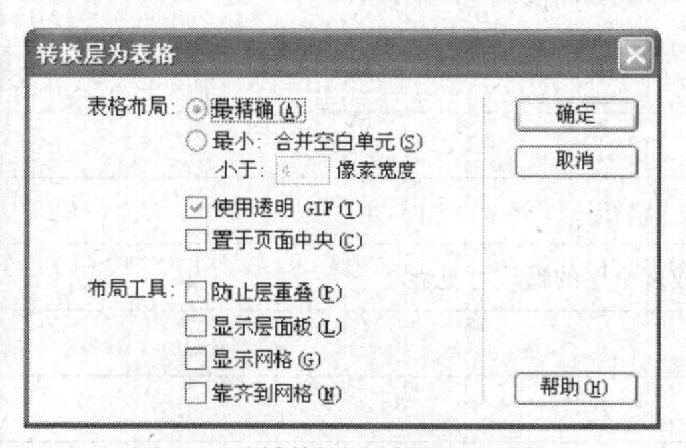

图 5.6　"转换层为表格"对话框

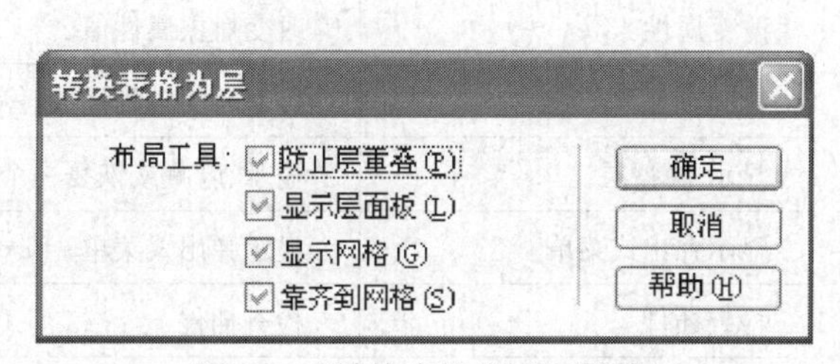

图 5.7　"转换表格为层"对话框

知识点三　行为的设置

1. 行为

行为是网页中执行一系列的动作,通过这些动作可以实现用户与网页的交互。行为由动作和事件组成。要创建一个行为,就是要指定一个动作,再确定触发该动作的事件。有时,某几个动作可以被相同的事件触发,则需要指定动作发生的顺序。

行为面板用于设置和编辑行为。单击菜单栏"窗口"→"行为"命令,调出"行为"面板,如图 5.8 所示。

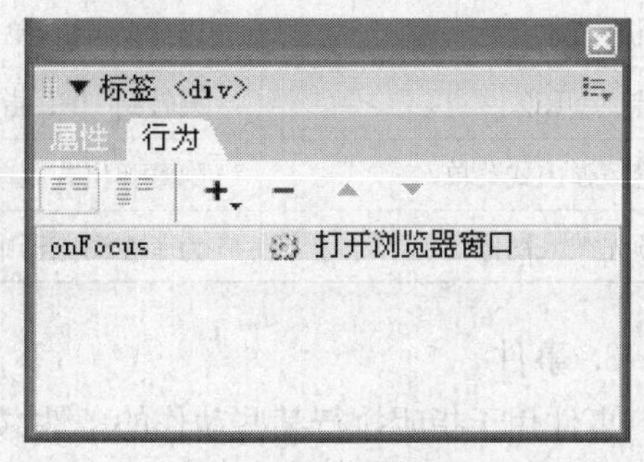

图 5.8　"行为"面板

按钮:显示设置事件,显示添加到当前文档的事件,默认视图。

按钮:显示所有事件,按字母的降序显示给定类别的所有事件。

+ 按钮:单击按钮,可以弹出行为列表,选择行为后,会弹出该行为对话框。

- 按钮:删除当前选择的行为。

或　按钮:改变行为的顺序。

2. 动作

动作通常由一段 JavaScript 代码组成，利用这段代码完成相应的任务，如启动或停止时间轴、打开浏览器等。在 Dreamweaver 中内置了许多对象，可供用户直接调用。动作名称及说明如表 5.1 所示。

表 5.1　　动作名称及说明

动作名称	说　明
交换图像	交换图像
弹出信息	设置的事件发生后，显示警告信息
恢复交换图像	恢复交换图像
打开浏览器窗口	在当前窗口或指定的框架中打开一个新页
拖动层	允许在浏览器中拖动层运动
控制 Shockwave 或 Flash	控制影片的指定帧
播放声音	播放声音
改变属性	改变对象属性值
时间轴	控制时间轴的播放、停止、跳转
显示-隐藏层	显示、隐藏或恢复一个或多个层的默认可见性
显示弹出式菜单	显示弹出式菜单
检查插件	检查插件
检查浏览器	检查浏览器类型和型号
检查表单	检查指定文本域的内容以确保用户输入了正确的数据类型
设置导航栏图像	制作由图片组成菜单的导航条
设置文本	可以设置层、表单域内文本框、框架、状态栏的文本
调用 JavaScript	调用 JavaScript 函数
跳转菜单	选择菜单实现跳转
跳转菜单开始	选择菜单后，单击“Go”按钮实现跳转
转到 URL	跳转到 URL 指定的网页
隐藏弹出式菜单	隐藏弹出式菜单
预先载入图像	为了在浏览器中快速显示图片，事先下载图片之后显示出来

3. 事件

事件用于指明执行某些动作的条件，如鼠标移到对象上、鼠标单击对象等。事件名称及说明如表 5.2 所示。

4. 设置行为操作

设置行为时应先选中事件作用的对象。对象包括选中图像、用鼠标拖曳选中文字等或单击网页设计窗口左下角状态栏上的标记。例如，要选中整个页面窗口，可单击页面或<body>标记。

表 5.2　　　　事件名称及说明

事件名称	说　明
onAfterUpdate	对象更新之后时触发事件
onBeforeUpdate	对象更新之前时触发事件
onClick	单击选定对象时触发事件
onDblClick	双击选定对象时触发事件
onFocus	对象获得焦点时触发事件
onLoad	载入对象时触发事件
onUnload	离开页面时触发事件
onError	当产生错误时触发事件
onHelp	当调用帮助时触发事件
onKeyDown	当按下任意键时触发事件
onKeyPress	当按下并释放任意键时触发事件
onKeyUp	当按键释放时触发事件
onMouseUp	单击鼠标右键,释放时触发事件
onMouseDown	单击鼠标右键一瞬间触发事件
onMouseMove	鼠标指针在对象内移动时触发事件
onMouseOver	鼠标指针经过对象上面时触发事件
onMouseOut	鼠标指针移出对象上面时触发事件
onScroll	当拖动浏览器窗口的滚动条时触发事件

(1)“弹出信息”

选择整个页面,打开“行为”面板,单击“行为”面板中的+按钮,调出“动作”弹出菜单,单击选择“弹出信息”命令,调出“弹出信息”对话框,如图 5.9 所示。在“消息”参数栏内输入要显示的文字,单击“确定”按钮。

图 5.9　“弹出信息”对话框

(2)“拖动层”

选择整个页面,打开“行为”面板,单击“行为”面板中的+按钮,调出“动作”弹出菜单,单击选择“拖动层”命令,调出“拖动层”对话框,如图 5.10 所示。在“层”弹出菜单中,选择要使其可拖动的层。从“移动”弹出菜单中选择“限制”或“不限制”。对于限制移动,在“上”、“下”、“左”和“右”参数栏中输入值(以像素为单位)。“左”和“上”参数栏中为拖放目标当前值(以像素为单位)。在"靠齐距离"参数栏中输入一个值(以像素为单位)确定离目标多近能将层靠齐到目标,单击"确定"按钮。

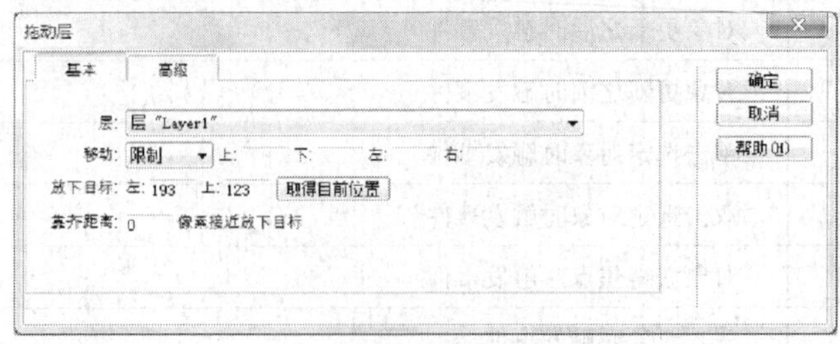

图 5.10 "拖动层"对话框

(3)"显示-隐藏层"

选择整个页面,打开"行为"面板,单击"行为"面板中的+按钮,调出"动作"弹出菜单,单击选择"显示－隐藏层"命令,调出"显示－隐藏层"对话框,如图 5.11 所示。在"命名的层"列表中选择要更改其可见性的层。单击"显示"以显示该层、单击"隐藏"以隐藏该层或单击"默认"以恢复层的默认可见性,单击"确定"按钮。

图 5.11 "显示隐藏层"对话框

(4)"转到 URL"

打开"行为"面板,单击"行为"面板中的+按钮,调出"转到 URL"弹出菜单,单击"浏览"按钮,选择要显示的新的页面或图片的名字,单击"确定"按钮,如图 5.12 所示。

图 5.12 "转到 URL"对话框

知识点四 时间轴

1. 时间轴

时间轴是图层的助手。时间轴是一种工具,用来控制网页中的层在每一秒的位置,利用它可以产生动画效果。单击菜单栏"窗口"→"时间轴"命令,调出"时间轴"面板,如图 5.13 所示。

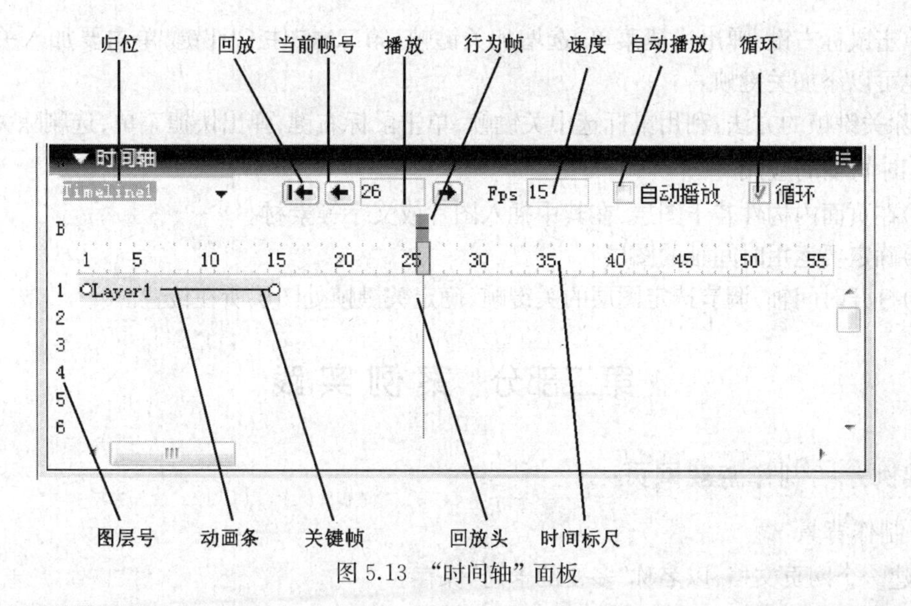

图 5.13 “时间轴”面板

(1) Timeline1 :时间轴索引,其内列出了当前页面内所有时间轴动画的名字,选中其中一个选项后,相应的动画就会在“时间轴”面板中显示出来,可以用来切换场景。

(2) 20 :第一个“归位”按钮用于将时间轴恢复到开始;第二个“回放”按钮用于将时间轴后退;第三个“播放”按钮用于将时间轴前进。”当前帧号文本框用于显示当前帧号码。

(3) Fps 15 “速度”文本框:用于输入每秒钟播放的帧数,默认为15Fps。

(4)“自动播放”复选框:用于设置时间轴制作的效果能否在网页中自动播放。

(5)“循环”复选框:用于设置播放画面循环播放,不选只播放一次动画。

(6)动画条:表示一个动画所占的帧数,上面标有该动画所在层的名字。它的起始处和终止处各有一个小圆,表示首帧和终止帧。小圆表示关键帧。

(7)行为帧:加入了行为的帧,它在“行为通道”内。

(8)回放头:播放动画时,拖动它在时间标尺上移动,当移到某一时间单位处时,相应的画面就会出现在页面内。

(9)时间标尺:给出了与时间对应的帧数。

(10)行为通道左边标有字母“B”,可以在该通道的特定帧使用行为。

2. 对象

添加对象的方法:第一,直接将需要放在时间轴上的对象拖动到时间轴上;第二,“时间轴”面板内单击鼠标右键,弹出快捷菜单,选添加对象。

删除对象的方法:“时间轴”面板内选中需要删除的对象,单击鼠标右键,弹出快捷菜单,选删除对象。

3. 关键帧

“时间轴”面板在用户给出起始帧和终止帧后自动产生中间过程的各帧。如果动画的移动路径不是直线的,中间有转折点,则转折点处的画面就是关键帧。加入关键帧,可以使沿直线路径移动的动画变为沿曲线或折线路径移动的动画。

添加关键帧的方法:第一,在“时间轴”面板内选中动画条,将鼠标停放在要添加关键帧的位置，单击鼠标右键，弹出快捷菜单，选增加关键帧；第二，按住 Ctrl 键，单击要加入关键帧的位置，也可以添加关键帧。

删除关键帧的方法：利用鼠标选中关键帧，单击鼠标右键，弹出快捷菜单，选删除关键帧。

4. 时间轴的应用

(1)在页面内构件若干图层，在其中插入图片或文字等素材。

(2)确定要运用时间轴的图层。

(3)打开时间轴，调节选定图层的关键帧，确定关键帧处图层所在位置。

第二部分 案例实践

实例一 制作游戏网页

1. 制作背景

新建一个网页文档，以名称“多变的卡通”保存。

2. 制作表格

在页面中操作“插入”→“表格”命令，打开“表格”对话框。在“行数”参数栏内键入 2，在“列数”参数栏内键入 4，在“表格宽度”参数栏内键入 450，在“边框粗细”、“单元格边距”、“单元格间距”参数栏内键入 0，单击“确定”按钮，退出对话框，如图 5.14 所示。

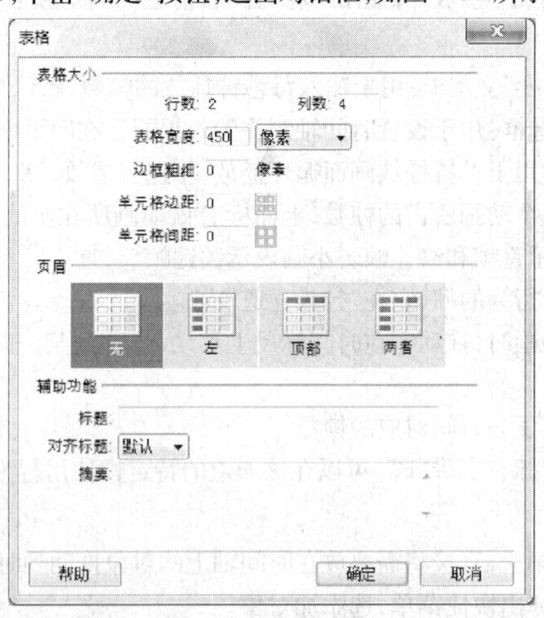

图 5.14 设置表格

3. 插入图片

单击新插入表格内的单元格，操作“插入”→“图像”命令，打开“选择图像源文件”对话框。从该对话框内选择拷贝“KT1”文件，如图 5.15 所示。单击“确定”按钮，退出“选择图像源文件”对话框。

退出“选择图像源文件”对话框后，会打开“图像标签辅助功能属性”对话框，使用默认设置，单击“确定”按钮，退出该对话框，将图像导入到单元格。选择导入后的图像，进入“属性”面

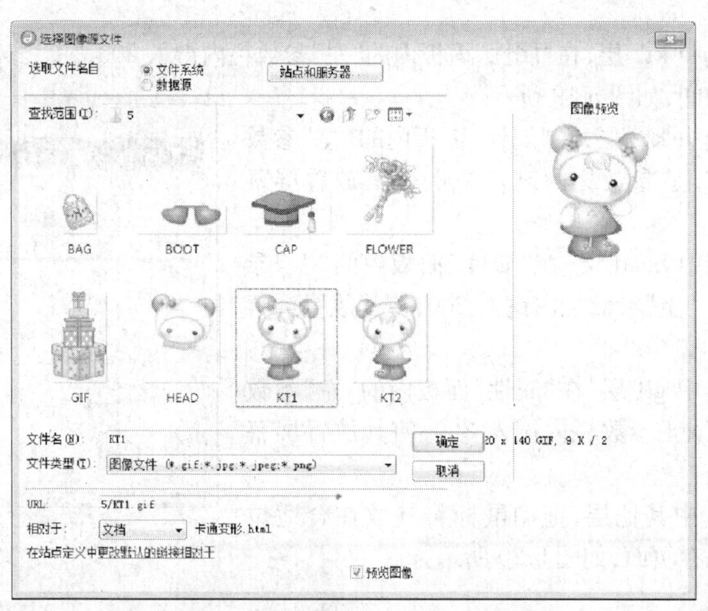

图 5.15　“选择图像源文件”对话框

板,在该面板内的“边框”参数栏内键入 0,使其不显示边框。依此类推,在其他单元格内将其他图片插入,如图 5.16 所示。

图 5.16　导入图片

4. 将表格转换为层

利用鼠标选中表格,操作“修改”→“转换”→“表格到层”命令,打开“转换表格为层”对话框。该对话框内的选择如图 5.17 所示。单击“确定”按钮,退出“转换表格为层”对话框。

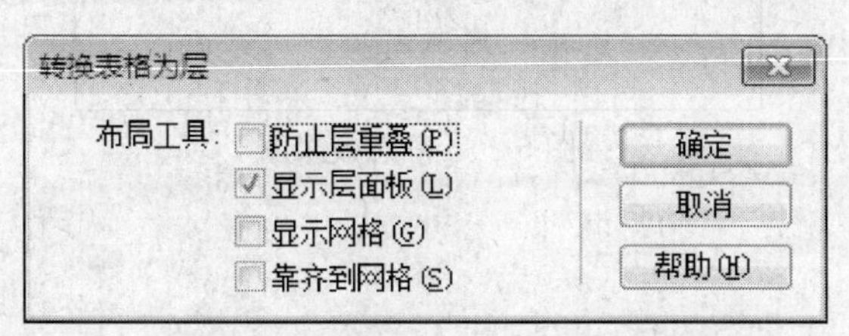

图 5.17　“转换表格到层”对话框

5. 层命名

利用鼠标选中 Layer1,操作“窗口”→“层”命令,打开“层”面板。双击“名称”中 Layer1,修改为“kt1”, 双击“Z”中数字进行修改。依此类推,重命名其他层,如图 5.18 所示。

6. 设置层

利用鼠标选中 kt1 层,在“属性”面板内的“左”参数栏内键入 200,“上”参数栏内键入 200,使其放置屏幕中间,如图 5.19 所示。

利用鼠标选中 kt2 层,在“属性”面板内的“左”参数栏内键入 400,“上”参数栏内键入 200,使其放置屏幕中间。

利用鼠标选中 head 层,在“属性”面板内的“左”参数栏内键入 200,“上”参数栏内键入 200,使其放置屏幕中间。

利用鼠标选中 gif 层,在“属性”面板内的“左”参数栏内键入 300,“上”参数栏内键入 300,使其放置屏幕中间。

利用鼠标选中其他层,拖动鼠标将其放在合适位置。设置完毕保存页面,如图 5.20 所示。

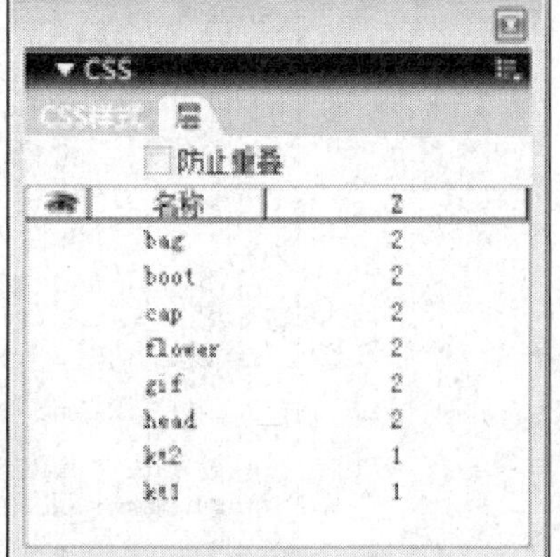

图 5.18 “层”面板

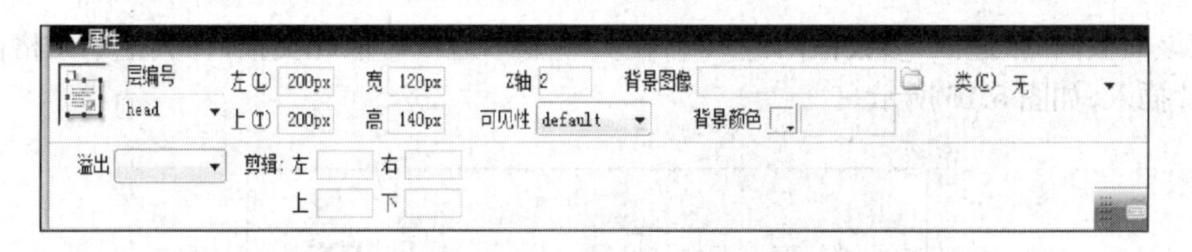

图 5.19 设置层的“属性”栏

图 5.20 静态效果图

7. 设置行为

(1)礼物

在页面内选中层“gif”。操作“窗口”→“行为”命令,打开“行为”面板后单击面板内的+按钮,单击弹出的快捷菜单中的“弹出信息” 动作,调出“弹出信息”对话框,在该对话框中输入文字“这是神秘的礼物”,再单击“确定”按钮,如图 5.21 所示。

单击事件右边的▼按钮,调出“事件名称”快捷菜单。在该菜单中选择 onMouseUp 菜单

图 5.21　“弹出信息”对话框

选项,将事件设置成“单击鼠标右键,释放时触发事件”,如图 5.22 所示。

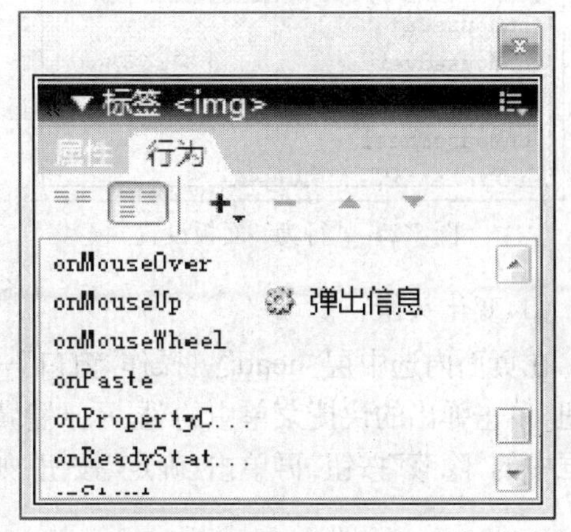

图 5.22　“行为”面板设置

设置完毕保存页面,如图 5.23 所示。

(2)帽子的移动

选中页面,操作“窗口”→“行为”命令,打开“行为”面板后单击面板内的+按钮,单击弹出的快捷菜单中的“拖动层” 动作,调出“拖动层”对话框,在层参数内选择层“cap”,在移动参数内选择不受限制,点击取得当前位置按钮,靠齐距离参数内选择 20,如图 5.24 所示。

单击事件右边的▼按钮,调出“事件名称”快捷菜单。在该菜单中选择 onMouseOver 菜单选项,将事件设置成“鼠标指针经过对象上面时触发事件”,如图 5.25 所示。

图 5.23　单击礼物后效果图

图 5.24　“拖动层”对话框

设置完毕保存页面,如图 5.26 所示。

图 5.25 "行为" 面板设置

图 5.26 拖动层效果图

(3)变化头像

在页面内选中层"head"。操作"窗口"→"行为"命令,打开"行为"面板后单击面板内的+按钮,单击弹出的快捷菜单中的"显示-隐藏层" 动作,调出"显示-隐藏层"对话框,单击该对话框中的"隐藏"按钮,再单击"确定"按钮,如图 5.27 所示。

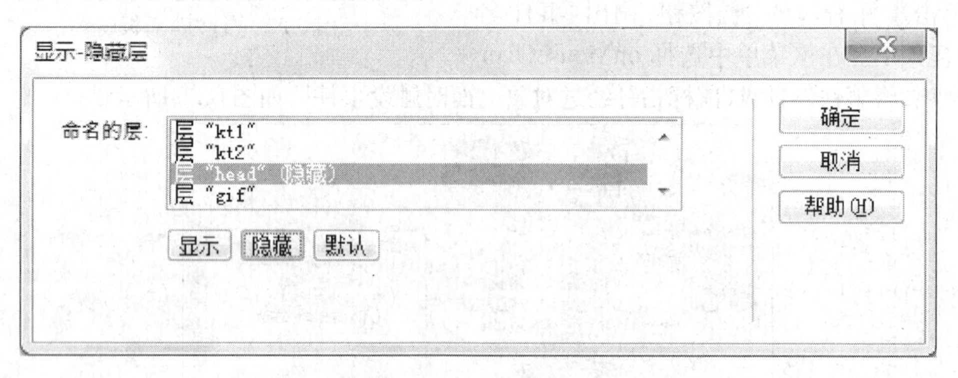

图 5.27 "显示-隐藏层" 对话框

单击事件右边的▼按钮,调出"事件名称"快捷菜单。在该菜单中选择 OnClick 菜单选项,将事件设置成"单击选定对象时触发事件",如图 5.28 所示。

设置完毕保存页面,如图 5.29 所示。

(4)观看手包

在页面内选中层"bag"。操作"窗口"→"行为"命令,打开"行为"面板后单击面板内的+按钮,单击弹出的快捷菜单中的"转到 URL" 动作,调出"转到 URL"对话框,单击"浏览"按钮,选择要 BAG. gif,再单击"确定"按钮,如图 5.30 所示。

单击事件右边的▼按钮,调出"事件名称"快捷菜单。在该菜单中选择 onMouseDown 菜单选项,将事件设置成"单击鼠标右键一瞬间触发事件",如图 5.31 所示。

设置完毕保存页面,如图 5.32 所示。

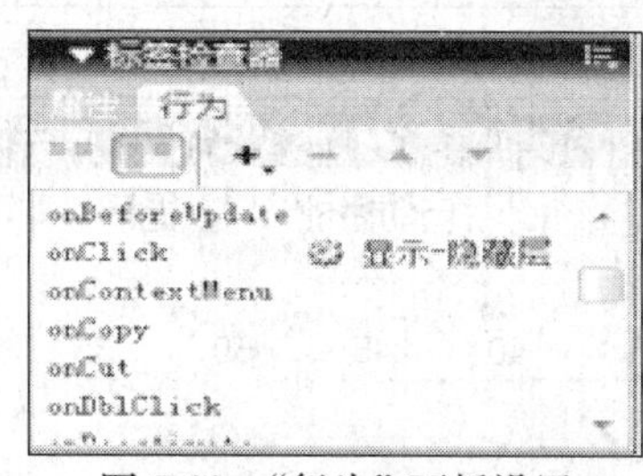

图 5.28 “行为”面板设置

图 5.29 变化头像后效果图

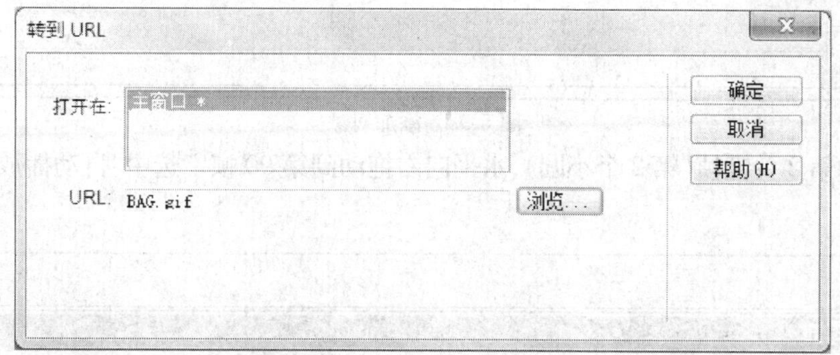

图 5.30 “转到 URL”对话框

图 5.31 “行为”面板设置

图 5.32 前往新的页面效果图

实例二　制作卡通运动网页

1. 制作背景

新建一个网页文档,单击“修改”→“页面属性”命令,调出“页面属性”面板。修改背景为 x1. gif 图片。以名称为“运动的卡通”保存。

2. 制作直线运动层

(1)操作“插入”→“布局对象”→“层”命令,在页面创建一个名称为“girl”的层,单击层内部,在层内插入一个名称为“girl. gif”的图片。

(2)单击“窗口”→“时间轴”命令,调出“时间轴”面板。

(3)将“girl. gif”GIF动画所在的层拖动到时间轴内,或单击“修改”→“时间轴”→“增加对象到时间轴”命令。此时“时间轴”面板的图层1上会产生一个动画条,表示动画制作成功,如图5.33所示。

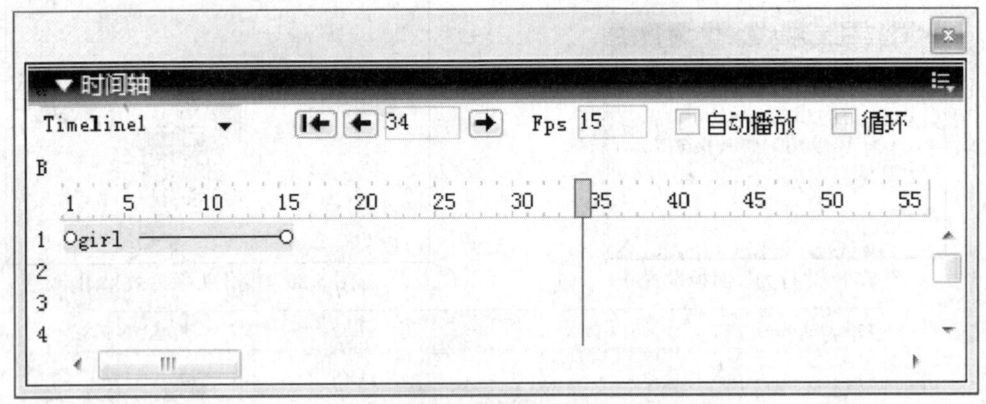

图5.33 添加对象

(4)选中第2关键帧(第2个小圆),水平向右拖动到第90帧。选中“自动播放”复选框,如图5.34所示。

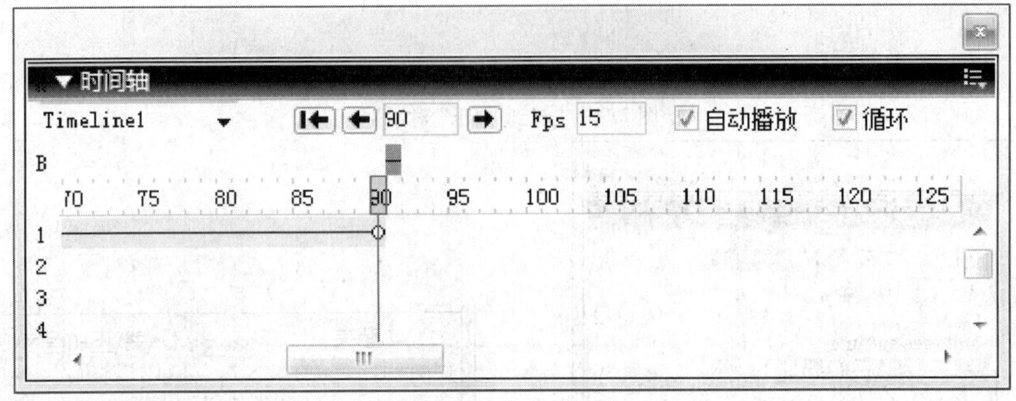

图5.34 拖动关键帧

(5)选中层“girl”,向右下方拖动到结束的地方,松开鼠标左键时,会看到一条直线,表示图像移动的路径,如图5.35所示。

图5.35 直线运动

3. 制作曲线运动层

(1)在页面再创建一个名称为“boy”的层。单击层内部,在层内插入一个名称为“boy. gif”的图片。将“boy. gif”GIF动画所在的层拖动到时间轴内,“时间轴”面板的图层2又会产生一个动画条。

(2)选中最后关键帧,水平向右拖动到第 90 帧。选中层“boy”,将鼠标放置到时间轴层 2 上第 20 帧,单击鼠标右键,弹出快捷菜单,选增加关键帧,在页面上拖动层“boy”到合适的位置。同理,分别在其他地方添加一些关键帧。拖曳关键帧上的小圆,可以改变关键帧的位置,如图 5.36 所示。

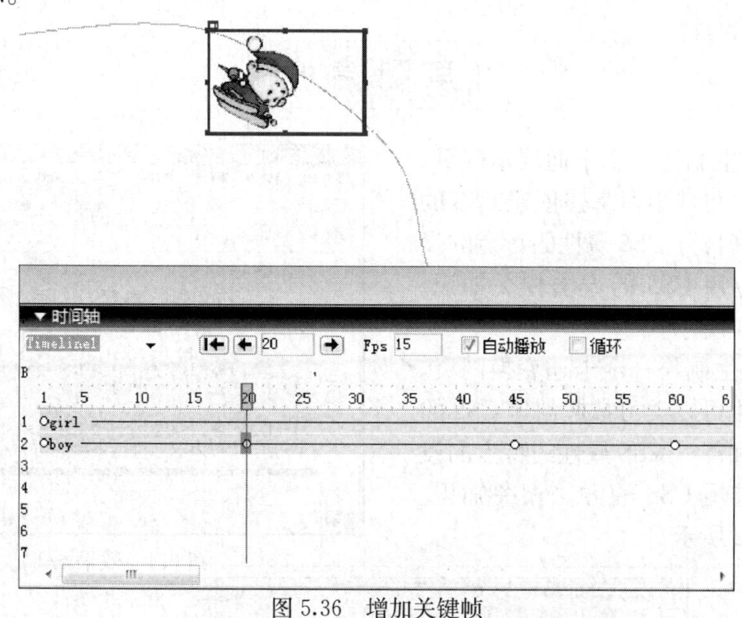

图 5.36　增加关键帧

第三部分　案例拓展与讨论

自学与拓展

在“时间轴”面板单击鼠标右键,弹出快捷菜单,选录制层路径。在页面内选取合适的对象并任意拖动到目标位置,可以看到在“时间轴”面板中自动产生许多关键帧。播放看一下效果。

学习讨论题

(1)时间轴有什么作用?

(2)如何向时间轴中添加关键帧?

案例六　制作 CSS 样式

案例情境

(1)指导学生制作一个卡通展示网页。通过本实例学生可以学习掌握创建 CSS 的内部样式方法和部分 CSS 属性的特点的设置方法，掌握应用 CSS 的方法相关知识。效果图如图 6.1 所示。

(2)指导学生制作一个卡通变换网页。通过本实例学生可以学习掌握创建 CSS 的外部样式方法和部分 CSS 属性的特点的设置方法，掌握应用 CSS 的方法相关知识。效果图如图 6.2 所示。

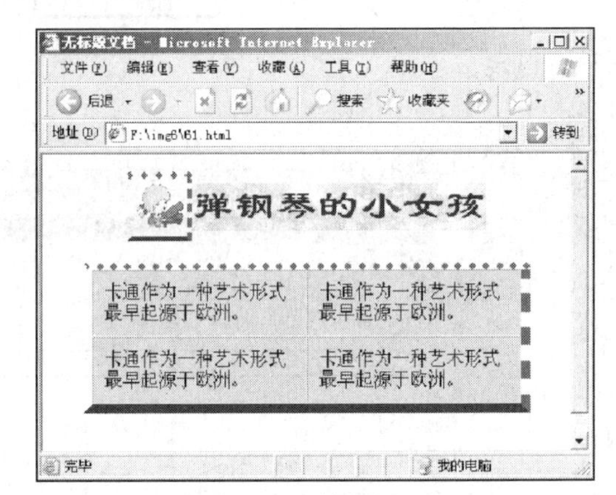

图 6.1　效果图 1

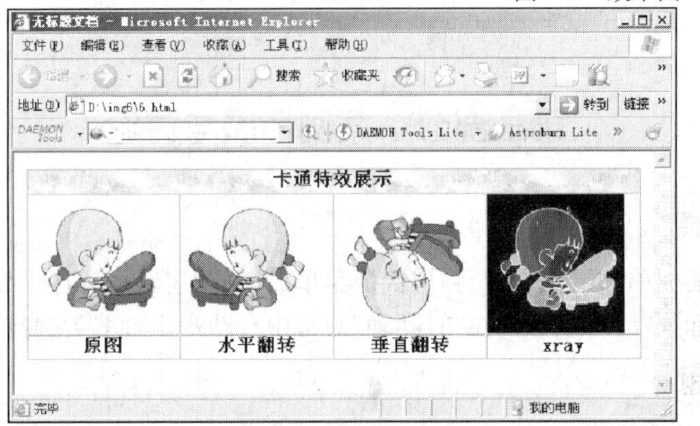

图 6.2　效果图 2

第一部分　知识准备

知识点一　CSS 样式

层叠样式表(CSS)是一种统一设计风格的工具。利用 CSS 可以对页面中常出现的相同或相近属性的对象进行统一属性设置，然后再应用于页面中相应的对象；可以非常灵活并更好地控制具体的页面外观，从精确的布局定位到特定的字体和样式。CSS 允许控制 HTML 无法独自控制的许多属性。CSS 的主要优点是它提供了便利的更新功能；更新一处的 CSS 规则时，使用该已定义样式的所有文档的格式都会自动更新为新样式。

外部 CSS 样式表是一系列存储在一个单独的外部 CSS (.css) 文件(并非 HTML 文件)中

的 CSS 规则。利用文档文件头部分中的链接，该文件被链接到 Web 站点中的一个或多个页面。内部(或嵌入式)CSS 样式表是一系列包含在 HTML 文档文件头部分的 style 标签内的 CSS 规则。

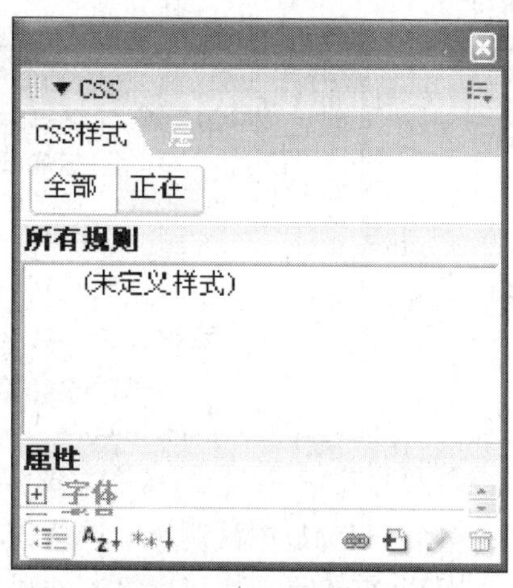

图 6.3　“CSS 样式”面板

1. CSS 样式面板

单击菜单栏“窗口”→“ CSS 样式”命令，调出“CSS 样式”面板，如图 6.3 所示；创建样式表后，如图 6.4 所示。

所有规则：“未定义样式”选项表示没有定义 CSS 样式。

属性：设置选中的 CSS 样式的属性和属性值。单击属性下的文字，右侧列表框中列出了所有相关的属性名称，可进入该属性值的编辑状态修改该属性值。

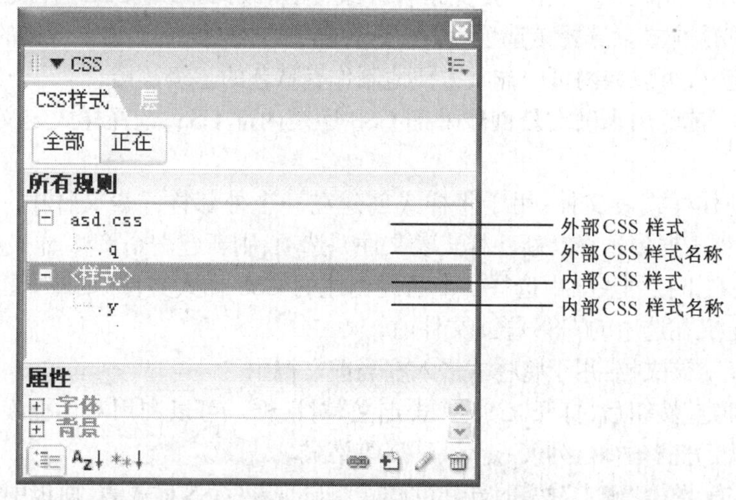

图 6.4　“CSS 样式”面板

显示类别视图按钮：显示类别视图选中的 CSS 样式的属性和属性值。

显示列表视图按钮：按英文字母的顺序显示选中的 CSS 样式的属性和属性值。

显示设置属性视图按钮：显示已经设置过的 CSS 样式的属性和属性值。

附加样式表按钮：调出一个“链接外部样式表”对话框。

新建 CSS 规则按钮：调出一个“新建 CSS 规则”对话框。

编辑样式按钮：调出相应的“CSS 规则定义”对话框，可以对 CSS 样式表进行编辑。

删除 CSS 规则按钮：删除选中的 CSS 样式。

2. 创建 CSS 样式

(1)单击菜单栏“文本”→“ CSS 样式”→“ 新建”命令，调出“新建 CSS 规则”对话框，如图 6.5 所示。

(2)在“名称”文本框中，输入样式名称。

(3)在“选择器类型”选区中，选择所创建样式的类型有如下 3 种。

类(可应用于任何标签)：可创建一种自定义的样式，它由用户自己给定样式名称，并且可

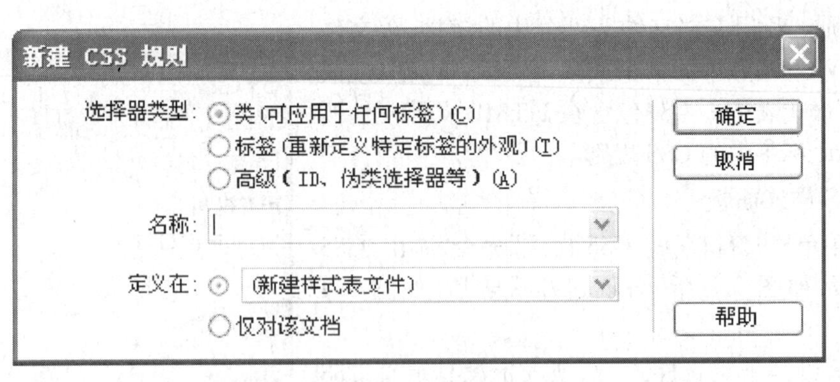

图 6.5 “新建 CSS 样式”对话框

以在整个 HTML 中被调用。选择该项后,需要在“名称”文本框中输入样式名称。

标签(重新定义特定标签的外观):可重新定义特定 HTML 标签的默认格式。选择该选项后,在“标签”文本框中输入一个 HTML 标签,或从下拉菜单中选择一个标签。

高级(ID、伪类选择器等):用于定义组合样式(两个或两个以上 CSS 样式组合)以及具有特殊序列号(ID)的样式。选择该选项后,在“选择器”文本框提供了文本链接的各种状态。通过此项样式的定义,可以在网页中非常方便地制作有特色的超级链接。

(4)“定义在”选区用来确定是创建外部 CSS 还是内部 CSS,选择样式定义的位置。两种定义如下。

第一种是新建样式表文件:用于将样式创建在一个外部样式表文件中。创建外部 CSS 时,如果在下拉列表框中选择“(新建样式表文件)”选项,则新建一个 CSS 样式表文件(扩展名为“.css”);如果在下拉列表框中选择一个已经创建的 CSS 样式文件(则该下拉列表框内会有它的名称),则定义在选中的 CSS 样式文件内。

第二种时仅对该文档:用于将样式嵌入在当前文档中。

(5)单击“确定”按钮后,打开“CSS 样式定义”对话框。可以利用对话框设置 CSS 样式的类型、背景、区块、方框、边框、列表、定位、扩展等格式。

(6)设置完毕,单击“确定”按钮,新建的样式将出现在“CSS 样式表”面板中。

3. 应用 CSS 样式

对于“标签”和“高级”两类样式,创建样式完成后会自动应用到相应的网页元素上。

对于“类”类型的样式则需要设置,有两种设置方法,步骤如下。

(1)利用“CSS 样式”面板

选中要应用 CSS 样式的对象,在“CSS 样式”面板中选择相应的样式名称,右键弹出快捷菜单,单击菜单中的“套用”命令。

(2)利用“属性”栏

选中要应用 CSS 样式的对象,在“属性”栏的“样式”下拉列表框中选择需要的 CSS 样式名称。

选中要应用 CSS 样式的图像或 Flash 等对象,在“属性”栏的“类”下拉列表框中选择需要的 CSS 样式名称。

4. 链接 CSS 样式

在相同的样式控制多个文档格式时,使用外部的 CSS 样式表非常方便。对外部的 CSS 样式表进行修改,所有链接到该样式表的文档格式都会发生变化。

链接或导入外部样式表的步骤如下。

(1)在“CSS 样式”面板中单击附加样式表按钮，弹出对话框如图 6.6 所示。

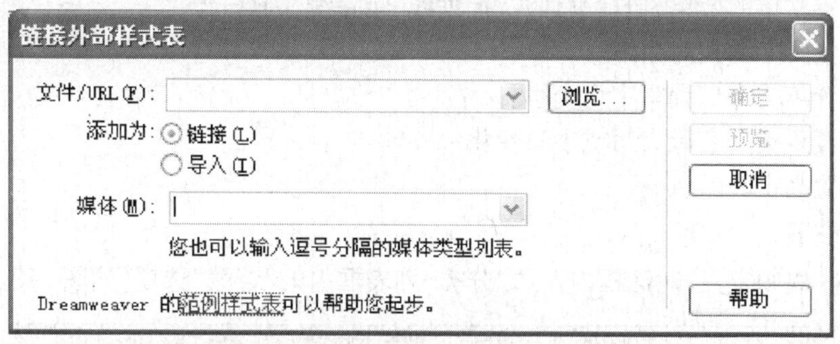

图 6.6 “链接外部样式表”对话框

(2)“文件/URL”:输入外部 CSS 样式表的地址和文件名,或单击“浏览”按钮,搜索所需文件。

“添加为”:选择“链接”可以链接或导入外部样式表;选择“导入”,可以复制一个样式表到文件中。

“媒体”:可以选择媒体类型。

“范例样式表”:可以调出“范例样式表”对话框,该对话框给出一些样式表范例,并给出与它们相应的文件名称和路径,可供使用。

知识点二　CSS 样式规则定义

新建 CSS 样式表后,弹出 CSS 样式规则定义对话框,下面介绍其中的常用设置。

1. 类型设置

打开“CSS 规则定义”对话框内左边“分类”列表框内的“类型”选项,如图 6.7 所示。

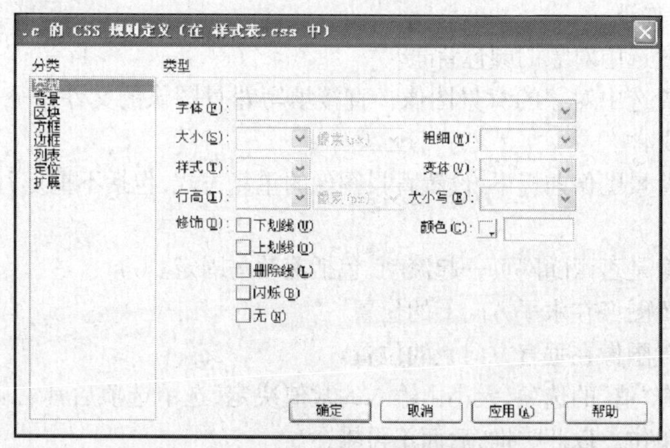

图 6.7　CSS 规则定义“类型”选项

各选项的作用如下。

字体:设置字体。在下拉菜单中选择相应的字体,选择菜单上的“编辑字体列表”可以添加新字体。

大小:设置字体大小。在下拉菜单中选择相应的字号。

样式:设置文字的外观,包括正常、斜体、偏斜体。

行高：设置行高。选择“正常”由系统自动调整；选择“值”由输入的数值决定，右侧的下拉列表框变为有效，用来选择单位。注意行高的数值是包括字号数值在内的。

修饰：设置文字的效果，包括下划线、上划线、删除线、闪烁、无。

粗细：设置文字的相对粗细。

变体：设置英文字母大写字母变小。

大小写：设置英文字母大写或小写变化。

颜色：设置文字的颜色。

2. 背景设置

打开“CSS 规则定义”对话框内左边“分类”列表框内的“背景”选项，如图 6.8 所示。

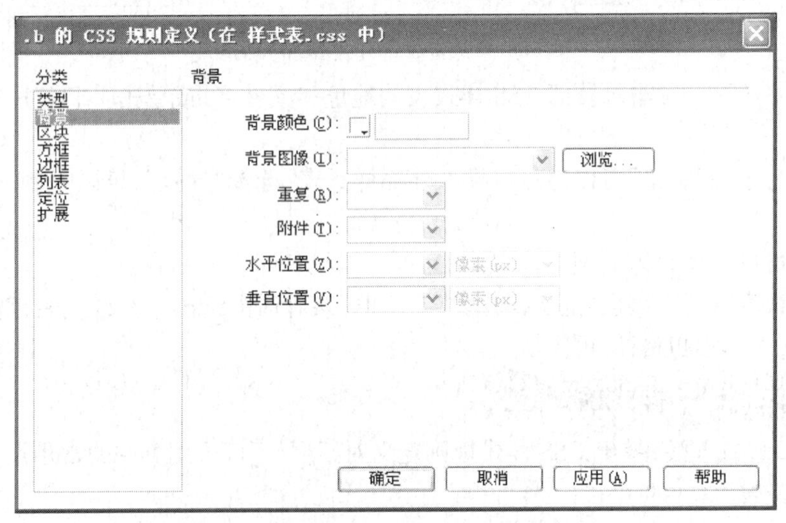

图 6.8 CSS 规则定义“背景”选项

各选项的作用如下。

背景颜色：设置选中对象的颜色背景。

背景图像：设置选中对象的背景图像。直接填写背景图像的文件路径，或单击“浏览”按钮，选择背景图像文件。

重复：在使用背景图像前提下，设置背景图像的重复方式，包括不重复、重复、横向重复、纵向重复。

附件：设置图像是否跟随网页一起滚动，包括滚动与固定。

水平位置：设置图像在水平方向上的位置。

垂直位置：设置图像在垂直方向上的位置。

注意：选项中有“值”的选项，大小由输入的数值决定，选中选项后其右侧的下拉列表框变为有效，用来选择单位。以此类推，后面不再累述。

3. 区块设置

打开“CSS 规则定义”对话框内左边“分类”列表框内的“区块”选项，如图 6.9 所示。

各选项的作用如下。

单词间距：设置英文单词间距，包括正常（正常间距）、值。使用正值增加单词间距，使用负值减小单词间距。

字母间距：设置英文字母间距，包括正常（正常间距）、值。使用正值为增加字母间距，使

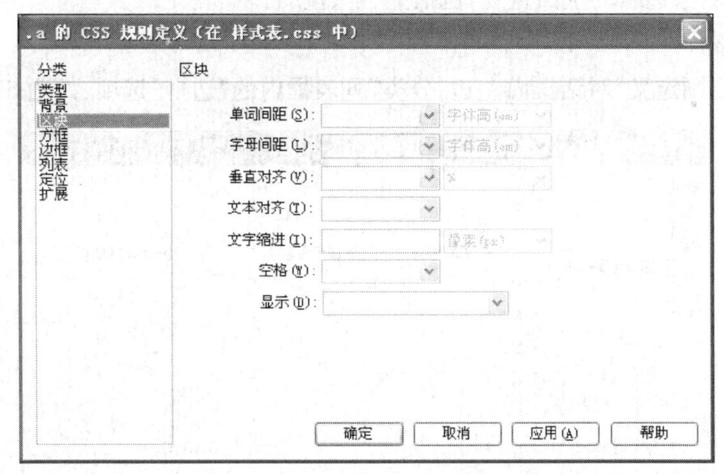

图 6.9　CSS 规则定义“区块”选项

用负值减小字母间距。

垂直对齐：设置对象垂直对齐方式，包括基线、下标、上标、顶部、文本顶对齐、中线对齐、底部、文本顶对齐、值。

文本对齐：设置首行文本的水平对齐方式，包括左对齐、右对齐、居中、两端对齐。

文字缩进：设置文字缩进大小。

显示：设置是否显示的格式。

4. 方框设置

打开“CSS 规则定义”对话框内左边“分类”列表框内的“方框”选项，如图 6.10 所示。

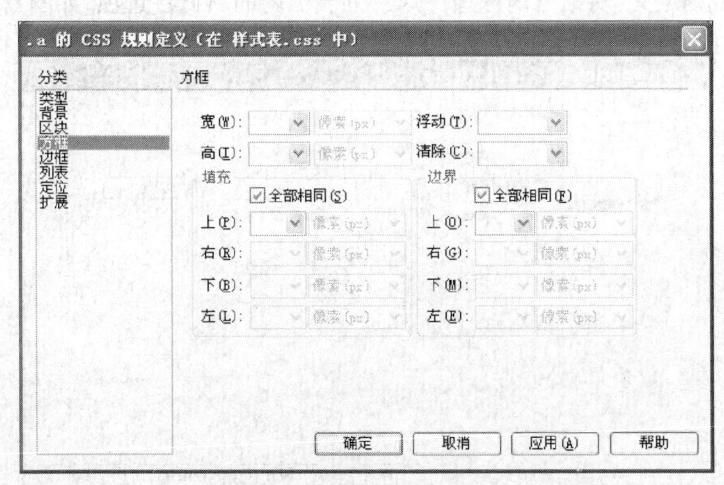

图 6.10　CSS 规则定义“方框”选项

各选项的作用如下。

宽：设置对象的宽度，包括自动、值。

高：设置对象的高度，包括自动、值。

浮动：设置对象的环绕效果，包括右对齐、左对齐、无。

清除：设置其他对象是否可以出现在选定对象的左右，包括右对齐、左对齐、无、两者。

填充：设置边框和其中内容之间的空白区域边框，包括上、下、左、右。

边界：设置对象边缘的空白宽度，包括上、下、左、右。

5. 边框设置

打开“CSS规则定义”对话框内左边“分类”列表框内的“边框”选项，如图6.11所示。

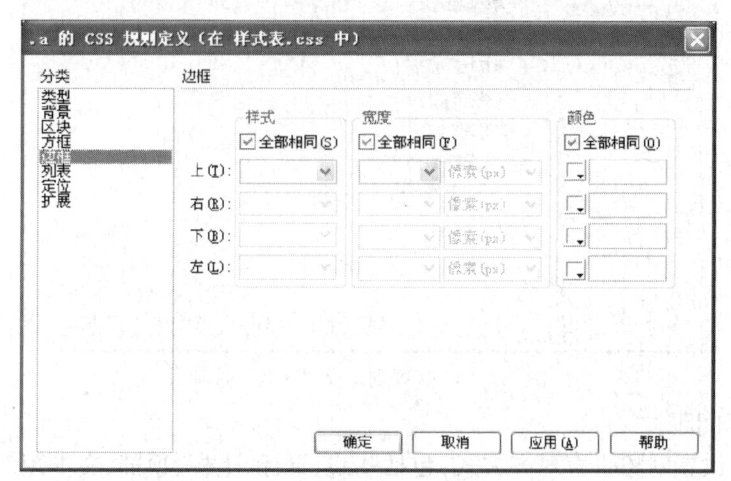

图6.11 CSS规则定义“边框”选项

各选项的作用如下。

样式：设置边框的显示效果，包括无、点划线、虚线、实线、双线、槽状、脊状、凹陷、凸出。

宽度：设置边框的宽度，包括值、细、粗、中。

颜色：设置边框的颜色。

6. 列表设置

打开“CSS规则定义”对话框内左边“分类”列表框内的“列表”选项，如图6.12所示。

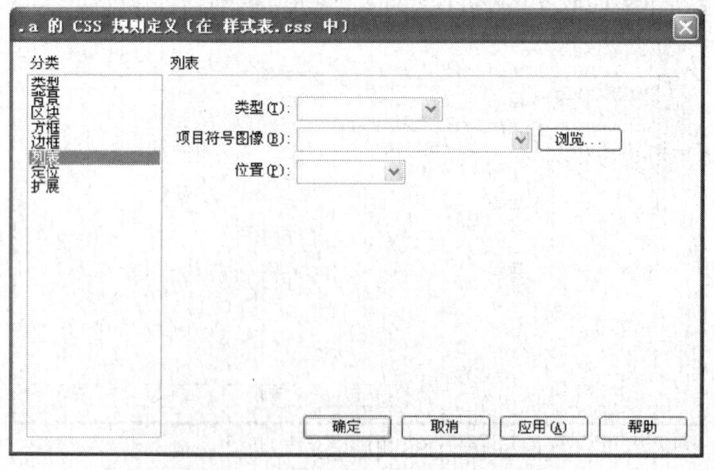

图6.12 CSS规则定义“列表”选项

各选项的作用如下。

类型：设置列表项目的符号类型，包括圆点、圆圈、方块、数字、小写罗马数字、大写罗马数字、小写字母、大写字母、无列表符号等。

项目符号图像：设置列表项目的图形符号，包括无、URL。

位置：设置列表项目所缩进的大小，包括外、内。

7. 定位设置

打开“CSS 规则定义”对话框内左边“分类”列表框内的“定位”选项，如图 6.13 所示。

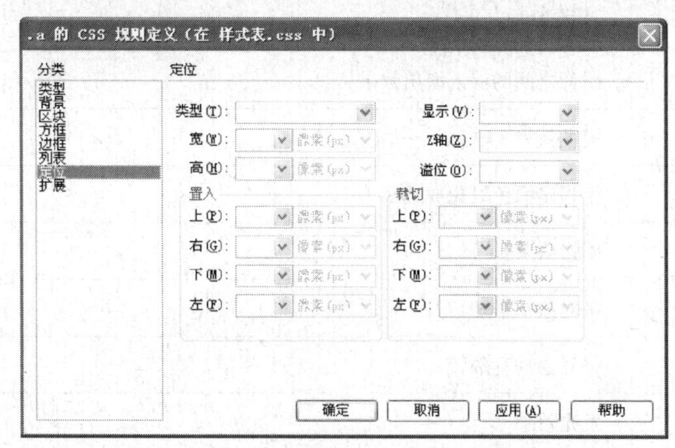

图 6.13 CSS 规则定义“定位”选项

各选项的作用如下。

类型：设置对象的位置，包括绝对（页面左上角的坐标为层定位时的原点）、相对（以母体左上角的坐标为层定位时的原点）、静态（固定位置）。

显示：设置对象的可视性，包括继承、可见、隐藏。

Z 轴：设置不同层的对象的显示次序。

溢位：设置当文字超出其容器时的处理方式，包括继承、可见、隐藏、自动。

置入：设置放置对象的容器的大小和位置，包括自动、值。

裁切：设置对象溢出容器部分的剪切方式，包括自动、值。

8. 扩展设置

打开“CSS 规则定义”对话框内左边“分类”列表框内的“扩展”选项，如图 6.14 所示。

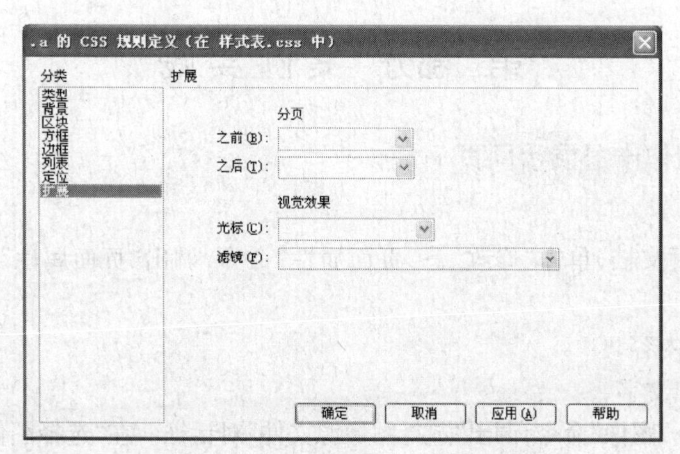

图 6.14 CSS 规则定义“扩展”选项

各选项的作用如下。

分页：设置为网页添加分页符号。

光标：设置鼠标形状。

滤镜：设置特殊的滤镜效果。滤镜名称及效果如表 6.1 所示。

表 6.1　滤镜名称及效果

滤镜名称	滤镜效果
Alpha	设置透明度
BlendTrans	图像之间的淡入淡出效果
Blur	模糊效果
Chorma	把指定颜色设置成透明
DropShadow	阴影效果
FlipH	将对象水平翻转
FlipV	将对象垂直翻转
Glow	发光效果
Gray	黑白图像
Invert	底片效果
Light	光源投影效果
Mask	透明遮罩
RevealTrans	切换效果
Shadow	阴影效果
Wave	波纹效果
Xray	X 光片效果

第二部分　案例实践

实例一　制作卡通展示网页

1. 制作页面

新建一个网页文档，单击“修改”→“页面属性”命令，调出“页面属性”面板。以名称为“61. html”保存。

2. 插入页面内容

(1)插入图片、文字

单击“插入”→“图像”命令，调出“选择图像源文件”对话框。在“选择图像源文件”对话框选中一幅图像文件“21. gif”，输入文字。图像与文字位置为绝对居中。选中图像和文字，在“属性”栏中的“对齐”下拉列表中选择“居中”。

(2)插入表格

操作“插入”→“表格”命令，插入一个 2 行 2 列的表格。在表格的“属性”栏内设置“填充”和“间距”分别为 10 和 0 像素，“边框”为 8 像素。选中表格，在“属性”栏中的“对齐”下拉列表中选择“居中”。效果如图 6.15 所示。

3. 设置内部 CSS 样式

(1)单击“窗口”→“CSS 样式”命令，调出“CSS 样式”面板。单击该面板内下边按钮，调出“新建 CSS 规则”对话框，设置如图 6.16 所示。

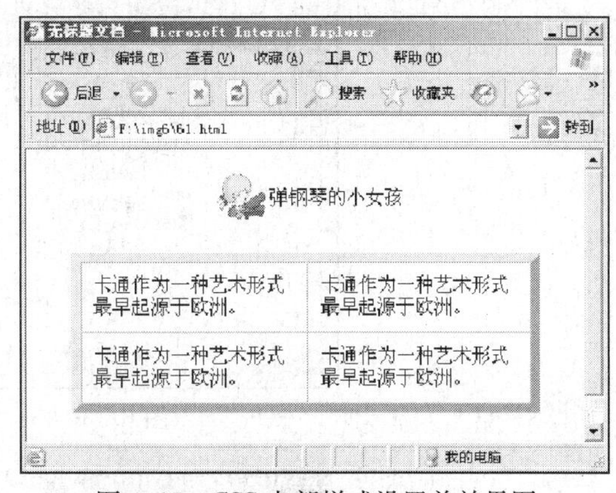

图 6.15　CSS 内部样式设置前效果图

(2)“名称”内输入“kt1”，“定义在”选择“仅对该文档”，单击“确定”按钮。在弹出对话框内分类中选择类型，设置字体为“隶书”，粗细为粗体，大小为 72，颜色为棕色。设置如图 6.17 所示。

在对话框内分类中选择背景，单击背景图像后“浏览”按钮，输入图像路径。设置如图 6.18 所示，单击“确定”按钮。

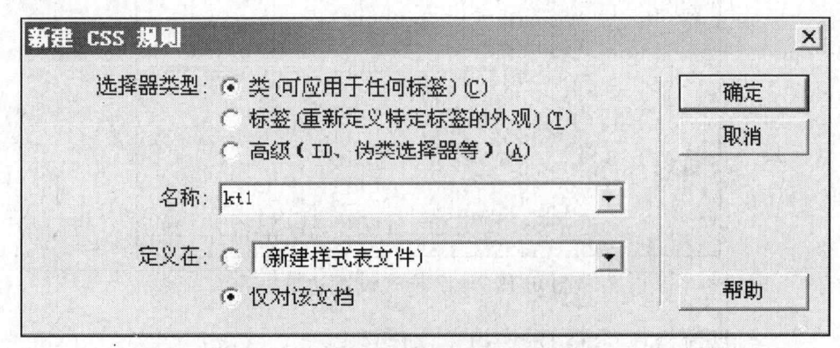

图 6.16　CSS 内部样式设置前效果图

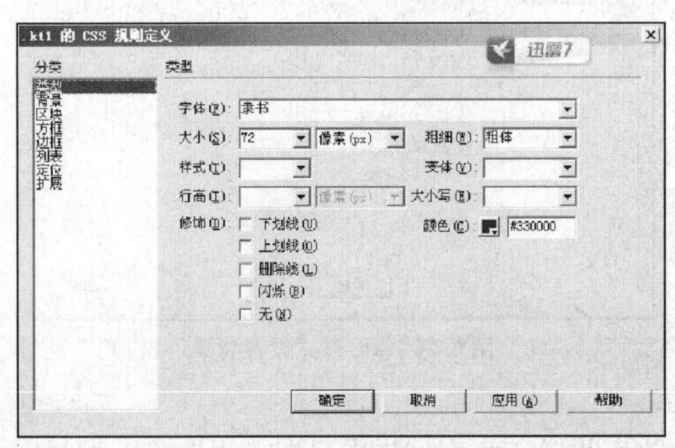

图 6.17　kt1 样式设置

(3)重复“(1)”，然后“名称”内输入“kt2”，“定义在”选择“仅对该文档”，单击“确定”按钮。在弹出对话框内分类中选择边框，将样式“全部相同”复选框不选，将上、下、左、右分别设置成 4 个样式。同理，将颜色设置成不同。设置如图 6.19 所示，单击“确定”按钮。

在对话框内分类中选择背景，单击背景按钮，设置为绿色。设置如图 6.20 所示，单击“确定”按钮。

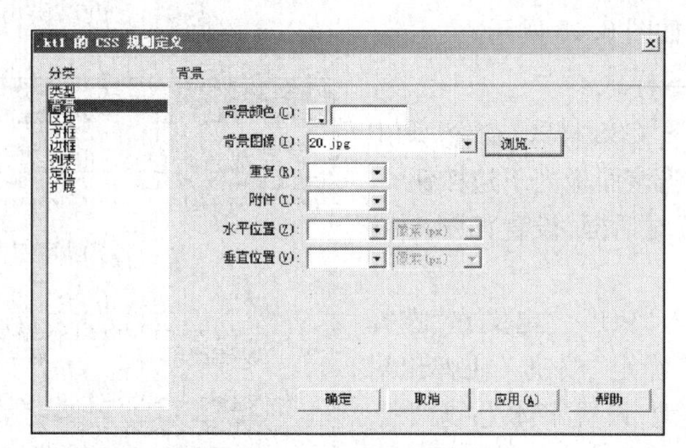

图 6.18　kt1 样式设置背景

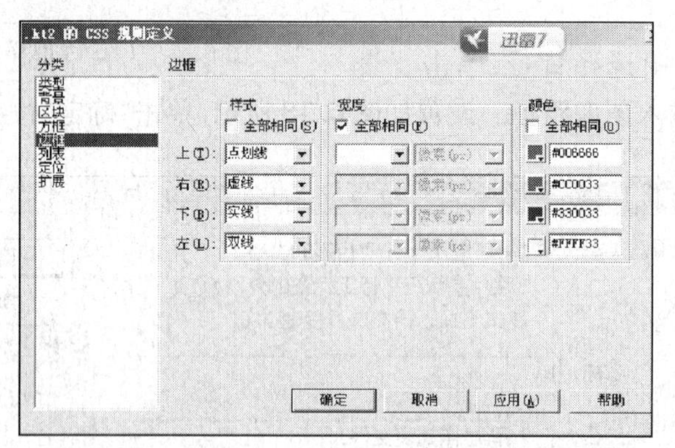

图 6.19　kt2 样式设置边框

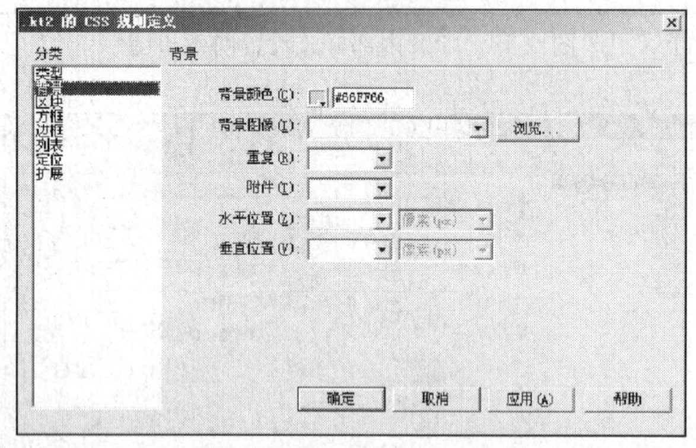

图 6.20　kt2 样式设置背景

4. 应用 CSS 样式

选中图片旁边的文字，设置文字属性“样式”下拉类表选择“kt1”，如图 6.21 所示。

图 6.21　文字“属性”面板

选中图片，设置图像属性“类”下拉菜单选项中选择“kt2”，如图 6.22 所示。

选中表格，设置图像属性“类”下拉菜单选项中选择“kt2”，如图 6.23 所示。

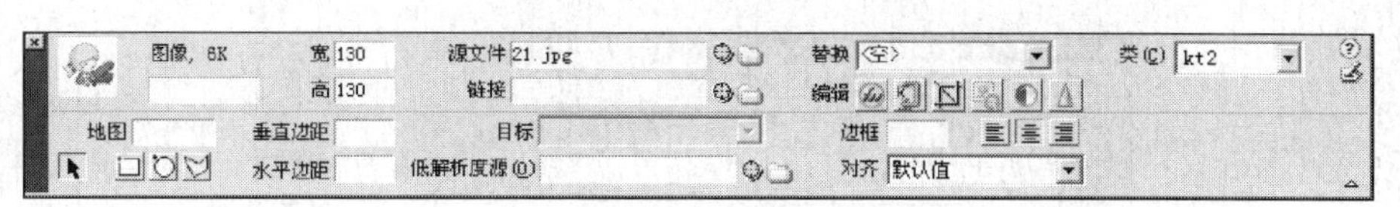

图 6.22　图像“属性”面板

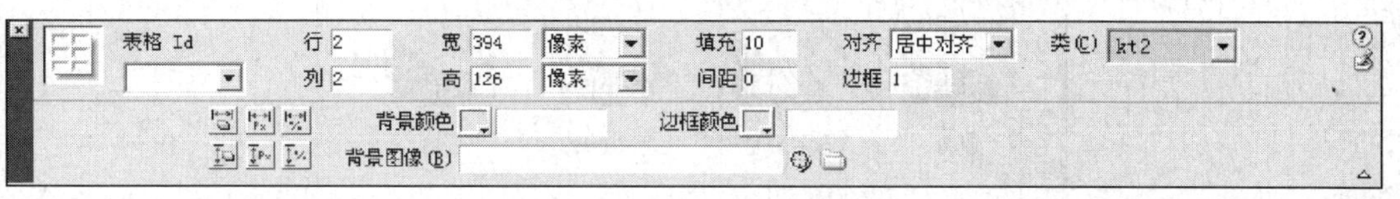

图 6.23　表格“属性”面板

显示效果如图 6.24 所示。

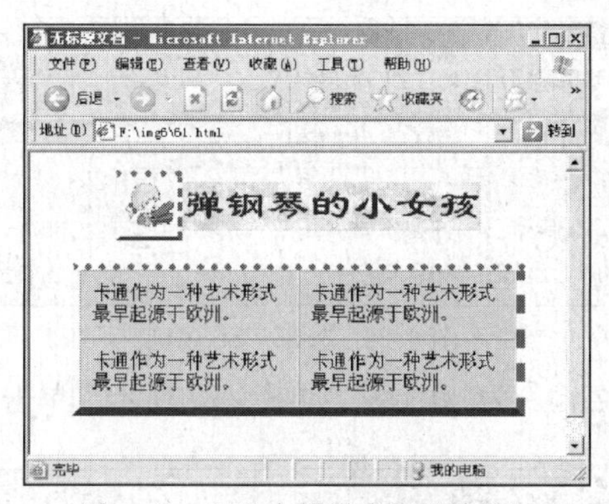

图 6.24　CSS 内部样式设置效果图

实例二　制作卡通变换网页

1. 制作页面

新建一个网页文档，单击“修改”→“页面属性”命令，调出“页面属性”面板。以名称为“62.html”保存。

2. 插入表格

(1)操作“插入”→“表格”命令，插入一个 3 行 4 列的表格。在表格的“属性”栏内设置“填充”和“间距”为 0 像素，“边框”为 1 像素。

(2)选中表格，在“属性”栏中的“对齐”下拉列表中选择“居中”。

(3)第 1 行合并成一个单元格，添加单元格背景图片，输入文字。

3. 插入图片

选中第 2 行第 1 列单元格，操作“插入”→“图像”命令，调出“选择图像源文件”对话框，选择图片“21.gif”。重复上述操作，分别在第 2 行第 2～4 列单元格内各插入同一幅图片。

4. 插入文字

选中第 3 行，设置行属性“水平”、“垂直”均为居中，输入文字。效果如图 6.25 所示。

5. 设置外部 CSS 样式

(1)单击“窗口”→“CSS 样式”命令，调出“CSS 样式”面板。单击该面板内下边按钮，调出“新建 CSS 规则”对话框，“名称”内输入“hfzh”。设置如图 6.26 所示，单击“确定”按钮。

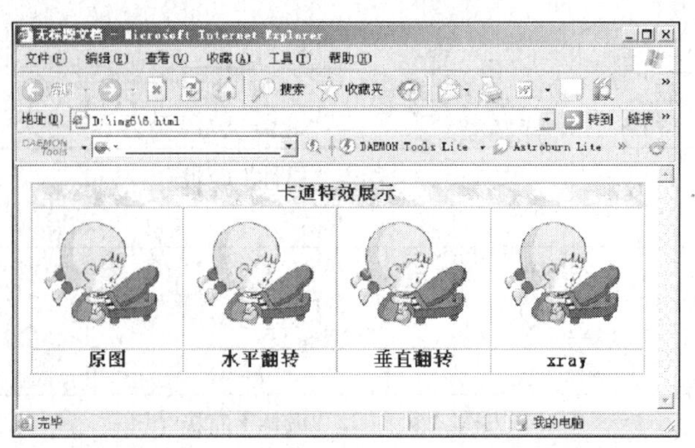

图 6.25　外部 CSS 样式设置前效果图

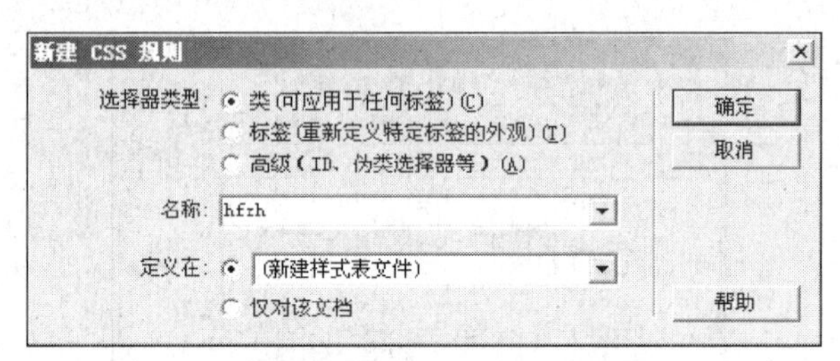

图 6.26　外部 CSS 规则

(2)弹出对话框，文件名输入为“kt.css”，如图 6.27 所示。单击“保存”按钮。

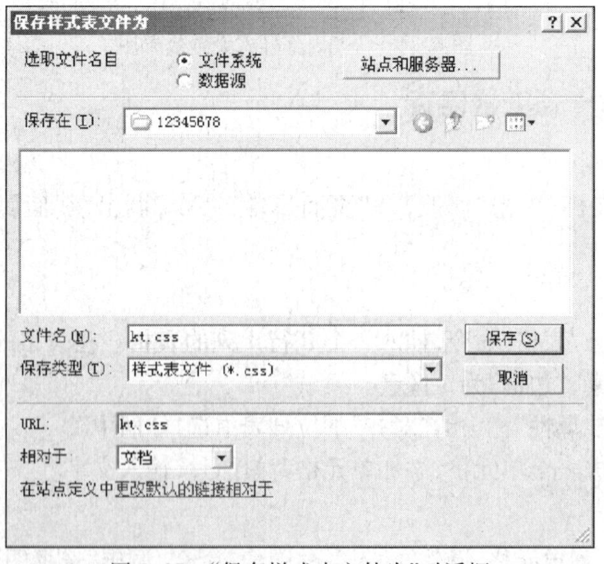

图 6.27　“保存样式表文件为”对话框

(3)弹出“CSS 规则定义”对话框，选择分类中的“扩展”，在滤镜下拉列表中选择“FlipH”，单击“确定”按钮，如图 6.28 所示。

(4)重复上述步骤，分别在 kt.css 样式库中设置 vfzh 和 xray 两种样式。注意下一步设定在选择分类中的“扩展”时，滤镜下拉列表中分别设置选择“FlipV”、“xray”。“CSS”面板如图 6.29 所示。

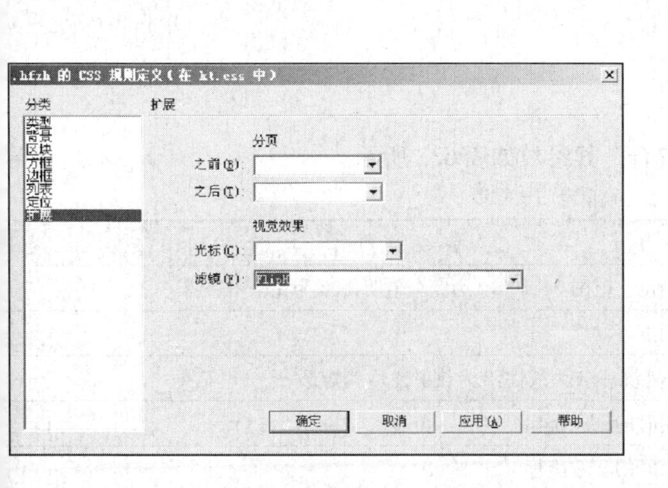

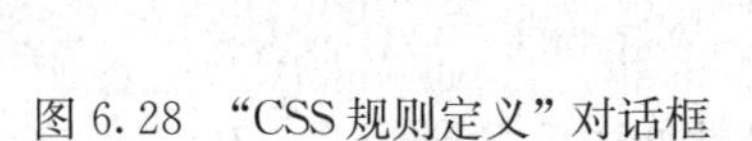

图 6.28　“CSS 规则定义”对话框

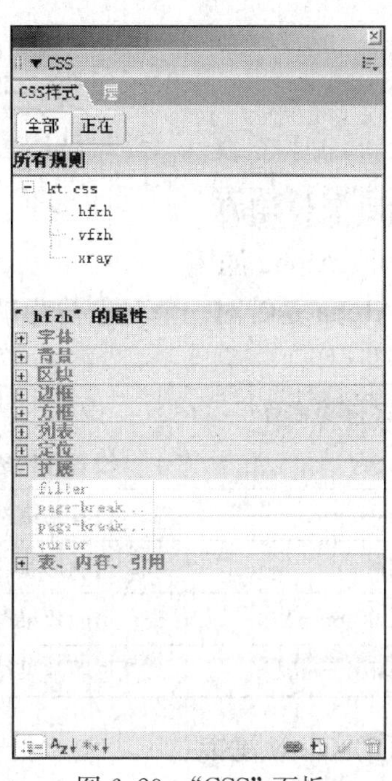

图 6.29　“CSS”面板

6. 应用 CSS 样式

选中第 2 行第 2 列中的图片，设置图像属性“替换”为“水平翻转”，在“类”下拉菜单选项中选择“hfzh”，如图 6.30 所示。

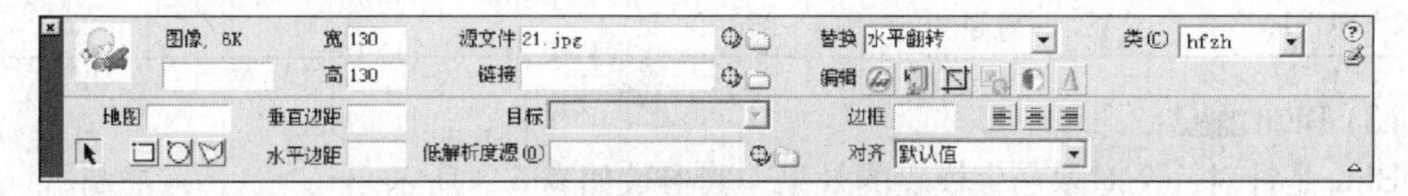

图 6.30　图像“属性”面板

第 2 行第 3 列设置图像属性“替换”为“垂直翻转”，在“类”下拉菜单选项中选择“vfzh”。第 2 行第 4 列设置图像属性“替换”为“xray”，在“类”下拉菜单选项中选择“xray”。显示效果如图 6.31 所示。

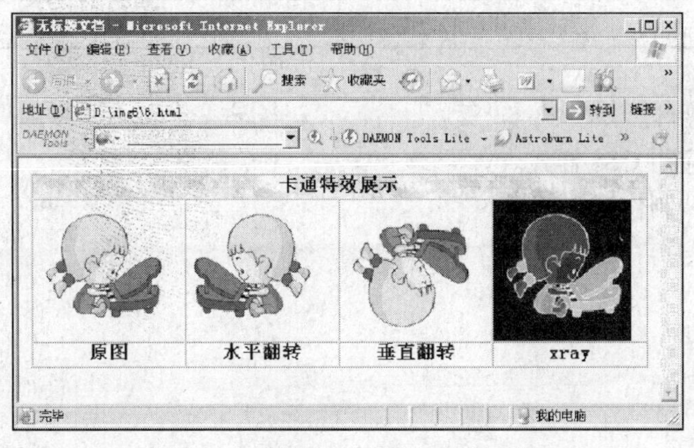

图 6.31　外部 css 样式设置后效果图

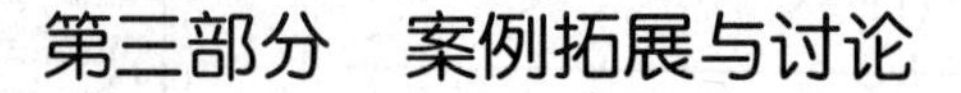

第三部分 案例拓展与讨论

自学与拓展

(1) Alpha 滤镜

Alpha 是针对一个对象与背景混合。其参数如表 6.2 所示。

表 6.2 Alpha 滤镜参数

参数名称	参数设置
Opacity	设置开始透明度。范围 0～100,0 为完全透明,100 为完全不透明
FinishOpacity	设置结束透明度
Style	透明形状。0 为统一,1 为线性,2 为放射性,3 为矩形
StartX、StartY	透明效果开始时的 x、y 坐标
FinishX、FinishY	透明效果结束时的 x、y 坐标

(2) Glow 滤镜

Glow 是针对一个对象边缘发光的效果。其参数如表 6.3 所示。

表 6.3 Glow 滤镜参数

参数名称	参数设置
Color	设置发光颜色
STRENGTH	设置强度。范围 1～255

(3) Blur 滤镜

Blur 是针对一个对象产生模糊的效果。其参数如表 6.4 所示。

表 6.4 Blur 滤镜参数

参数名称	参数设置
Add	设置是否使用原有对象。ture 为是,false 为否
Direction	设置模糊移动的角度。范围 0～360
Strength	设置模糊移动的力度。默认为 5 个像素

学习讨论题

(1)简述如何应用 CSS 样式。

(2)仿照实例 2 制作滤镜效果。

案例七　制作框架

案例情境

(1)指导学生制作一个卡通显示网页。通过本实例学生可以学习框架和框架集设置方法的相关知识。

(2)指导学生制作一个卡通展览网页。通过本实例学生可以学习框架和框架集链接方法的相关知识。

第一部分　知识准备

框架是一种网页中常用的布局形式,这种布局方式能够包含很多的信息量。框架提供将一个浏览器窗口划分为多个区域,每个区域都可以显示不同 HTML 文档的方法。框架的方式可将一些不同类别的内容放到同一页面中,向用户提供更多的信息。最常见的情况就是,一个框架显示包含导航控件的文档,而另一个框架显示含有内容的文档。

使用框架的网页是由两个部分组成,即框架集和若干个框架。框架集是在一个文档内定义一组框架结构的网页;框架集中保存关于页面中的框架数、框架尺寸、位置以及每个框架中作为内容载入的所有文件名的信息;框架集的页面并不在浏览器中显示,它只保存关于页面上框架是如何显示的信息。每个框架对应一个网页,记录了具体的网页内容。

知识点一　框架的创建、保存

1. 创建框架

创建框架的常用方法有以下 3 种。

方法 1:单击“文件”→“新建”命令,调出“新建文档”对话框,如图 7.1 所示。

单击该对话框左边“类别”栏中的“框架集”选项,根据所需框架结构,再单击选中该对话框右边“框架集”栏内的一种框架选项,单击“创建”按钮。

方法 2:先创建普通文档,再单击 “插入”→“html”→“框架”命令,根据所需框架结构创建框架。

方法 3:先创建普通文档,再单击“窗口”→“插入”命令,打开“插入”面板,选择 “布局”选项卡,根据所需框架结构创建框架。

(1)增减框架

增加新框架:将鼠标指针移到框架的四周边缘处,鼠标指针为上下箭头形状时,按照鼠标指针箭头指示的方向向内拖曳鼠标,即可在水平或垂直方向增加一个框架。

删除框架:需要将框架的边框拖动到页面之外。如果是嵌套框架结构,只需将框架边框拖出其父类边框即可。

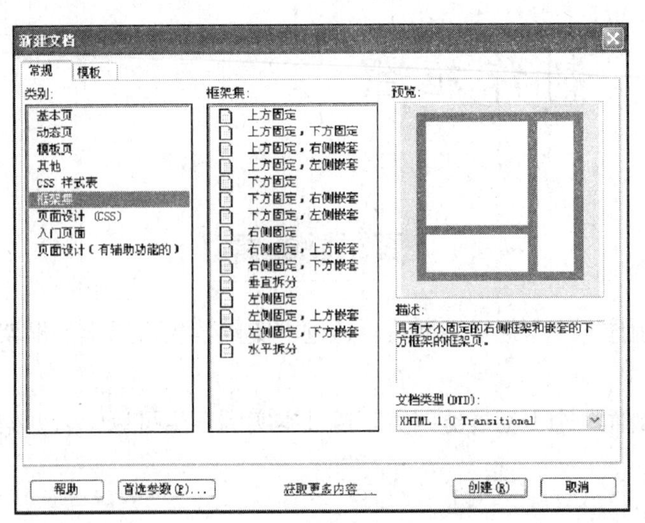

图 7.1 “新建文档”对话框

(2)调整框架

用鼠标拖曳框架线,即可调整框架的大小。

2. 保存框架

每一个框架都有一个框架名称,可以用默认的框架名称,也可以在属性面板修改名称。只有将总框架集和各个框架保存在本地站点根目录下,才能保证浏览页面时显示正常。

(1)框架集和所有框架文件保存步骤

单击“窗口”→“保存全部”命令,调出“另存为”对话框,同时整个框架会被虚线围住。利用该对话框可输入文件名,再单击“保存”按钮,完成整个框架集文件的保存。然后系统会自动再调出“另存为”对话框,可以分别保存框架中的网页文件。被保存的框架会被虚线围住。假设选择图 7.1 的框架,其中包含了框架集和 3 个框架,与之对应的 html 文件就有 4 个,保存的文件将有 4 个。

(2)网页中新建的或修改后的框架集保存步骤

单击“文件”→“框架集另存为”命令,或单击“文件”→“保存框架页”命令,可调出“另存为”对话框。利用该对话框可输入文件名,再单击“保存”按钮,完成框架集文件的保存。

(3)单个框架保存步骤

单击一个框架分栏内部,使光标出现在该框架窗口内。单击“文件”→“保存框架”命令,调出“另存为”对话框。输入网页的名字,单击“保存”按钮,即可将该框架分栏中的网页存储。

(4)文件关闭时保存步骤

单击“文件”→“关闭”菜单命令关闭框架文件时,会调出一个提示框,提示是否存储各个HTML 文件。几次单击“是”按钮即可依次保存各框架(先保存光标所在的框架,最后保存整个框架)。保存的是哪个分栏中的网页文件,则该分栏会被虚线围住。

知识点二　框架属性的设置

框架和框架集都是独立的 HTML 文件。要改变框架和框架集,首先选中框架和框架集。选择框架和框架集的方法是使用“框架”面板。当选中框架和框架集时,在“框架”面板和文档窗口中都显示选择线,单击“窗口”→“框架”命令,调出“框架”面板,如图 7.2 所示。“框架”面板的作用是显示出框架网页的框架结构。

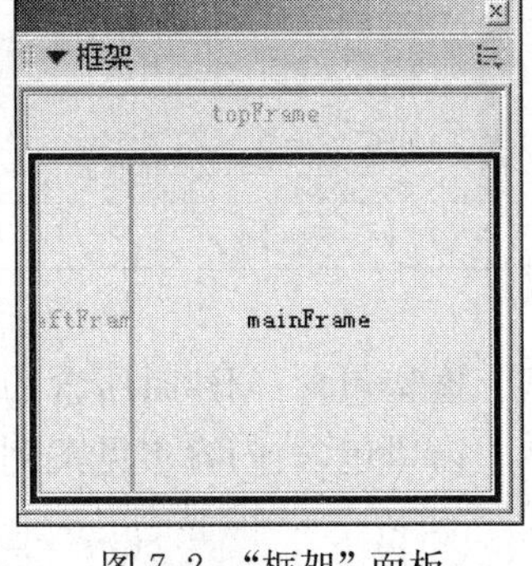

图 7.2 “框架”面板

1. 设置框架属性

单击某一个框架可选中该分栏框架，同时“属性”栏变为框架“属性”栏，如图 7.3 所示。面板参数如下。

(1)“框架名称”文本框：用来输入框架名称。框架名称必须以字母开头，允许使用下划线，不能使用横杠、句号和空格。

(2)“源文件”文本框：用来指定当前框架中打开的源文件，可以直接输入文件名或单击文件夹图标，浏览并选择一个文件。

(3)“滚动”下拉列表框：用来选择分栏是否要滚动条。选

图 7.3 “框架”属性

择“是”选项，表示要滚动条；选择“否”选项，表示不要滚动条；选择“自动”选项，表示根据分栏内是否能够完全显示出其中的内容来自动选择是否要滚动条；选择“默认”选项，表示采用默认状态。

(4)“不能调整大小”复选框：如果选择它，则不能用鼠标拖曳框架的边框线，调整分栏大小；如果没选择它，则可以用鼠标拖曳框架的边框线，调整分栏大小。

(5)“边框”下拉列表框：用来确定是否需要边框。当此处的设置与框架集“属性”栏的设置矛盾时，以此处设置为准。

(6)“边框颜色”栏：用来确定边框的颜色。

2. 设置框架集属性

单击框架的外框线，选中整个框架集，同时“属性”栏变为框架集“属性”栏，如图 7.4 所示。

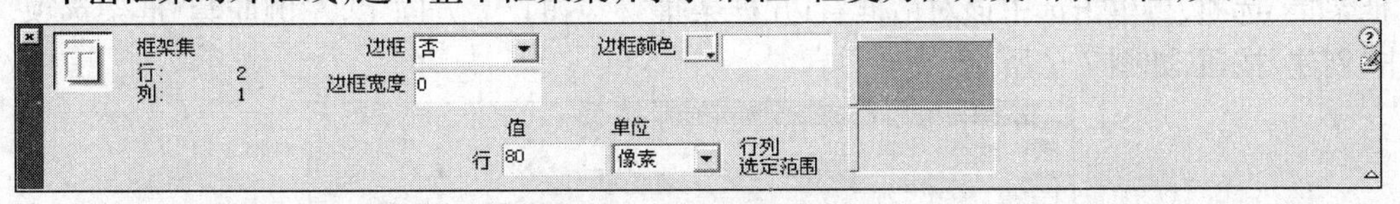

图 7.4 “框架集”属性

(1)“边框”列表框：用来设置文档在浏览器中被浏览时是否显示框架边框。选“是”选项是保留边框；选“否”选项是不保留边框；选“默认”选项是保留边框。

(2)“边框颜色”栏：用来设置边框的颜色。

(3)“边框宽度”文本框：用来设置输入一个数字以指定当前框架集的边框，其单位是像素。输入 0，则没有边框。

(4)“值”文本框：用来设置当前框架行(或列)占所属框架集的比例。

知识点三　框架链接的设置

在一个框架中使用链接打开另一个框架中文档，必须设置框架链接目标。选中链接的文字或对象，单击“属性”中文件夹图标连接到需要链接的文件。框架链接的“目标”属性是指定在框架或窗口中打开其链接的内容，如图 7.5 所示。

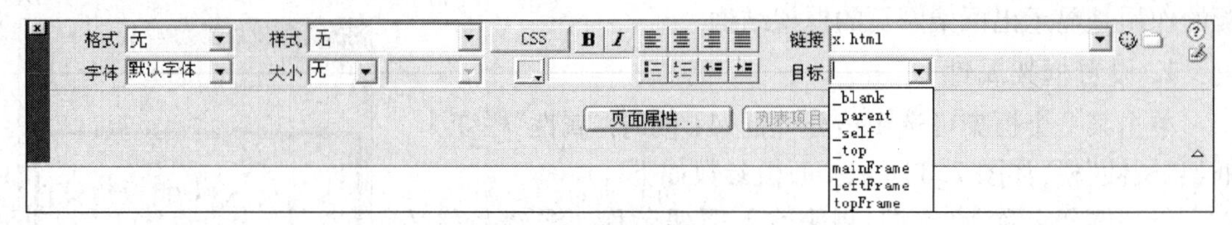

图 7.5 框架链接设置

框架包含:创建时所含的所有框架。选择一个命名框架可以在该框架中显示链接文档。

窗口包含:内容参见案例三。

第二部分 案例实践

实例一 卡通显示网页实现步骤和过程

1. 创建内容页面

新建文件夹,在文件夹内存放 4 张图片。根据前面的知识制作 4 个存放图片的网页文档,分别以名称为“卡通相册 1”～“卡通相册 4”保存。效果如图 7.6 所示。

图 7.6 效果图 1

2. 创建框架页面

(1)单击“文件”→“新建”命令,调出“新建文档”对话框,单击该对话框左边“类别”栏中的“框架集”选项,再单击选中该对话框右边“框架集”栏内的“上方固定,左侧嵌套”框架选项,单击“创建”按钮,如图 7.7 所示。

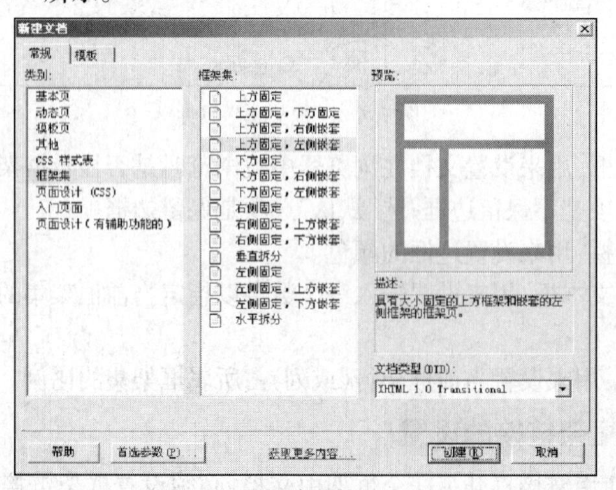

图 7.7 “新建文档”对话框

(2)弹出“框架标签辅助功能属性”对话框,单击“创建”按钮,如图 7.8 所示。

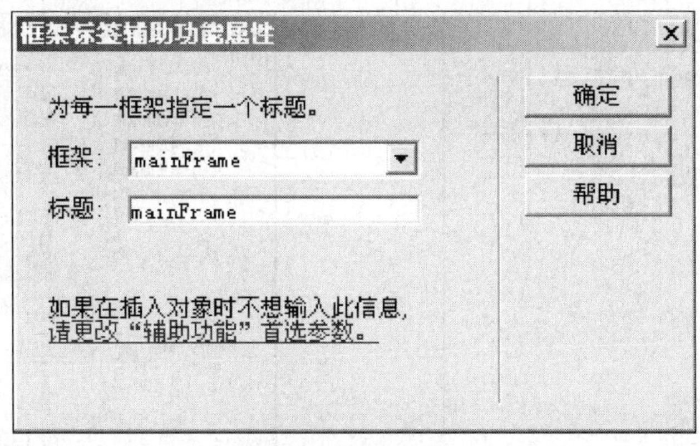

图 7.8　"框架标签辅助功能属性" 对话框

3. 保存内容和框架页面

单击"文件"→"保存全部"命令,调出"另存为"对话框,如图 7. 9 所示。在文件名中输入"卡通相册",单击"保存"按钮,完成整个框架集文件的保存。然后系统会自动再调出"另存为"对话框,依次保存框架,右下方框架网页文件名为"内容"、左侧框架网页文件名为"目录"、上方框架网页文件名为"标题"。此时在文件夹内呈现 8 个网页文件。

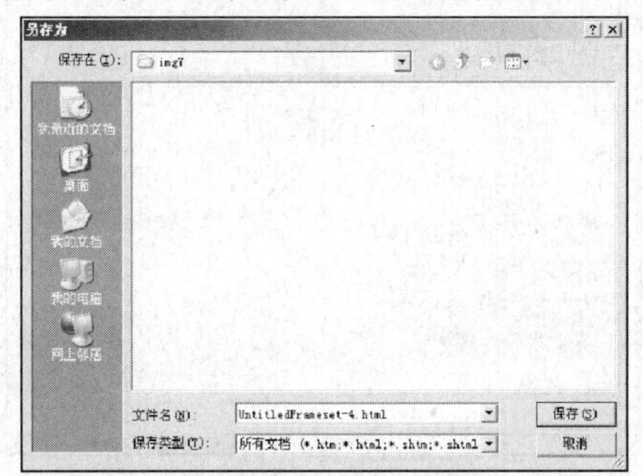

图 7.9　"另存为" 对话框

4. 设置"标题"框架页

将鼠标停留在"标题"框架页,单击"修改"→"页面属性"命令,调出"页面属性"面板。利用该对话框导入一幅图像"70. jpg",作为网页的背景图像,输入文字。单击"窗口"→"保存全部"命令。效果如图 7. 10 所示。

5. 设置"目录"框架页

(1)将鼠标停留在"目录"框架页,操作"插入"→"表格"命令,插入一个 4 行 1 列的表格。在表格的"属性"栏内设置"填充"和"间距"为 3 像素,"边框"为 0 像素,如图 7. 11 所示。

(2)在表格内输入文字。选中行,在 "属性"栏内进行文字属性的设置,在"格式"下拉列表框中选择"无"选项;字体设置为华文楷体,大小设置为 24,文字的颜色为棕色,文字位置为居左,表格背景颜色设置为绿色。

(3)选中表格的第 1 行第 1 列中的文字,单击"链接"后的文件夹选择"卡通相册 1. html","目标"选择"mainFrame"。选中表格的第 2 行第 1 列中的文字,单击"链接"后的文件夹选择"卡通相册 2. html","目标"选择"_blank"。选中表格的第 3 行第 1 列中的文字,单击 "链

图 7.10 “标题”框架页

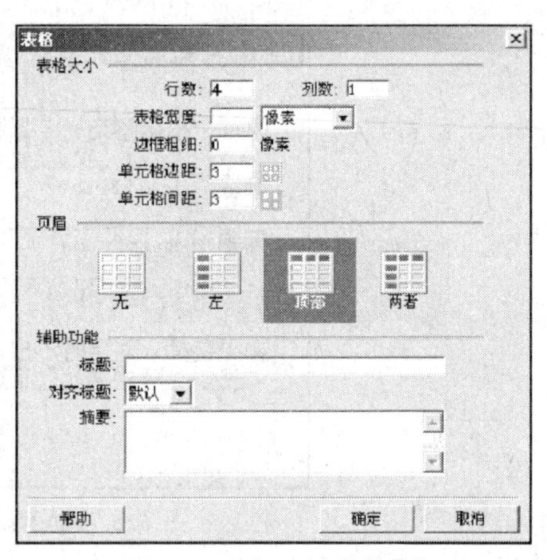

图 7.11 “目录”框架页

接”后的文件夹选择“卡通相册 3. html”,“目标”选择“_parent”。选中表格的第 4 行第 1 列中的文字,单击“链接”后的文件夹选择“卡通相册 4. html”,“目标”选择“_self”。单击“窗口”→“保存全部”命令。效果如图 7.12 所示。

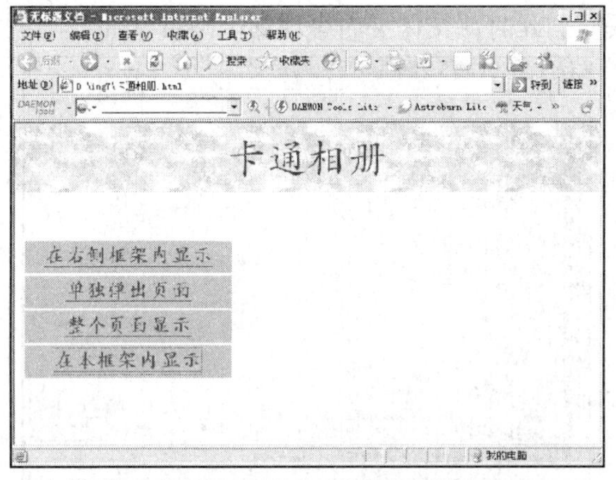

图 7.12 “目录”框架页显示

6. 设置“内容”框架页

将鼠标停留在“内容”框架页，输入文字。在“属性”栏内进行文字属性的设置,在“格式”下拉列表框中选择“无”选项;字体设置为华文楷体,大小设置为 24,文字的颜色为棕色。单击“窗口”→“保存全部”命令。效果如图 7.13 所示。

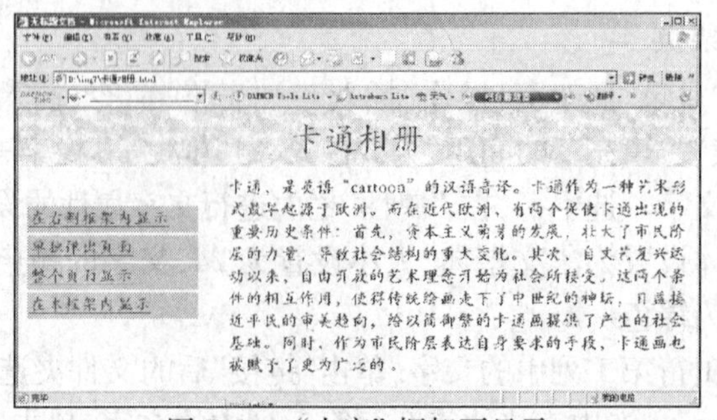

图 7.13 “内容”框架页显示

7. 链接显示图

单击“在右侧框架内显示”，显示效果如图 7.14 所示。

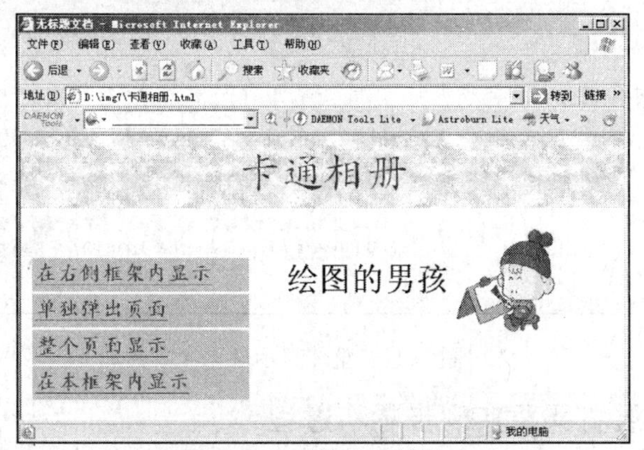

图 7.14　整体显示效果 1

单击“单独弹出页面”，显示效果如图 7.15 所示。

图 7.15　整体显示效果 2

单击“整个页面显示”，显示效果如图 7.16 所示。

图 7.16　整体显示效果 3

单击“在本框架内显示”，显示效果如图 7.17 所示。

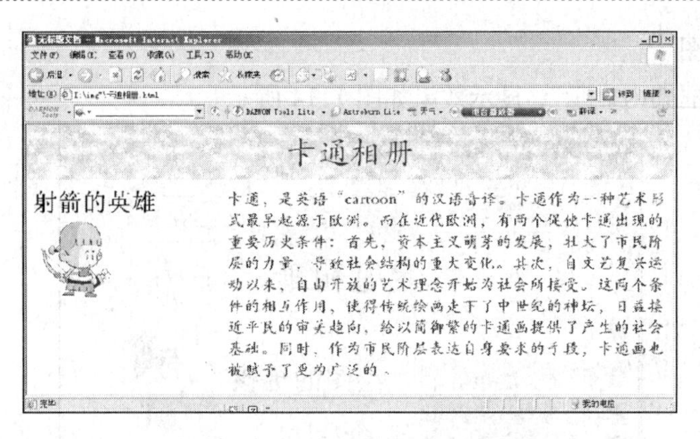

图 7.17 整体显示效果 4

实例二 卡通展览网页实现步骤和过程

1. 创建框架页面

(1)单击“文件”→“新建”命令，调出“新建文档”对话框，单击该对话框左边“类别”栏中的“框架集”选项，再单击选中该对话框右边“框架集”栏内的“上方固定，下方固定”框架选项，单击“创建”按钮，如图 7.18 所示。

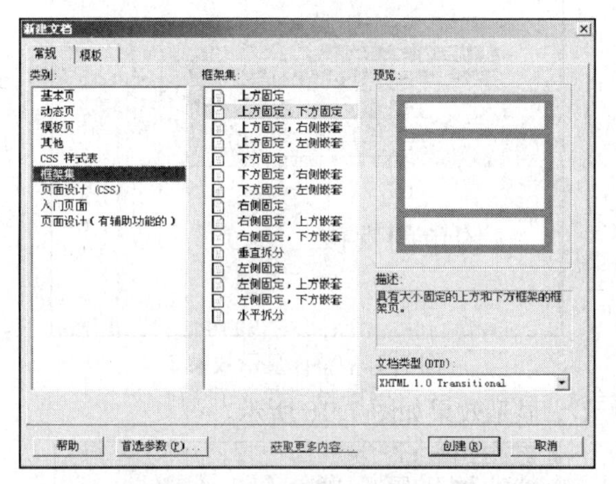

图 7.18 “新建文档”对话框

(2)弹出“框架标签辅助功能属性”对话框，单击“确定”按钮，如图 7.19 所示。

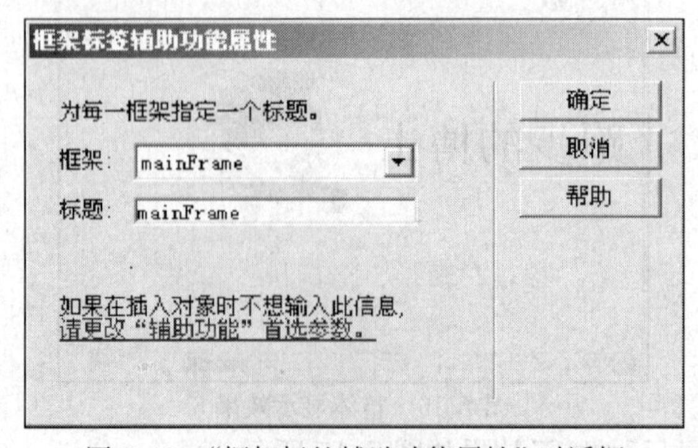

图 7.19 “框架标签辅助功能属性”对话框

2. 增加框架页面

将鼠标指针移到框架的上边边缘处，此时鼠标指针为上下箭头形状时，向下拖曳鼠标，即可在水平方向增加一个框架。将鼠标移到框架边缘调整框架位置，效果如图 7.20 所示。

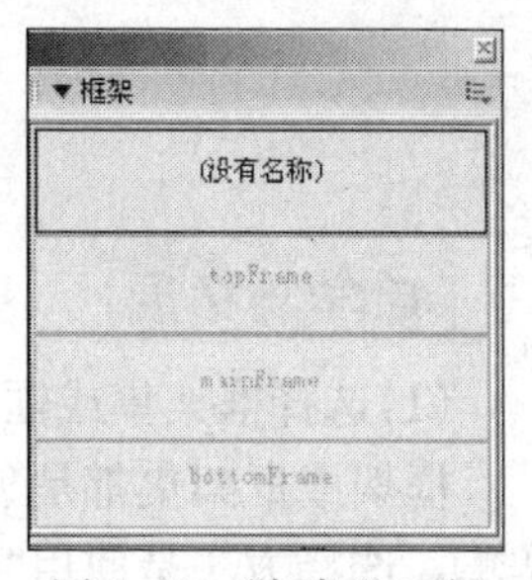

图 7.20　“框架”面板

3. 框架页面设置

在框架面板内单击第 1 个框架，设置框架“属性”，“源文件”文本框内输入“卡通相册 1.html”，“边框”下拉列表框选择“是”，如图 7.21 所示。

图 7.21　“框架”属性

在框架面板内单击第 2 个框架，设置框架“属性”，“源文件”文本框内输入“卡通相册 2.html”，“边框”下拉列表框选择“是”。

在框架面板内单击第 3 个框架，设置框架“属性”，“源文件”文本框内输入“卡通相册 3.html”，“边框”下拉列表框选择“是”。

在框架面板内单击第 4 个框架，设置框架“属性”，“源文件”文本框内输入“卡通相册 4.html”，“边框”下拉列表框选择“是”。

4. 框架集页面设置

在框架面板内单击外框架，设置框架集“属性”。“边框”下拉列表框选择“是”，“边框宽度”为 3，如图 7.22 所示。

图 7.22　“框架集”属性

5. 保存框架

单击“文件”→“保存全部”命令，调出“另存为”对话框，在文件名中输入“卡通展览”，单击“保存”按钮，完成整个框架集文件的保存。效果如图 7.23 所示。

图 7.23　效果图

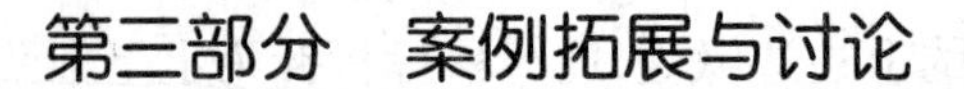

自学与拓展

(1)选择框架集或框架

框架或框架集都是独立的 HTML 文档。要改变框架或框架集,必须首先选中该框架或框架集。选择方法是使用“框架”面板,如图 7.2 所示。单击某个框架边框,可以选择该框架,此时被选择的框架边框为虚线轮廓线。单击框架外边框,可以选择框架集,此时所有的框架边框均为虚线轮廓线。

(2)框架间转换

将光标停留在某个框架,同时按下 Alt 键和左右键,可以选择转移到下一个框架,同时按下 Alt 键和上键,可以选择转移到父框架,同时按下 Alt 键和下键,可以选择转移到子框架。

学习讨论题

(1)简述如何设置框架。

(2)仿照实例一制作框架结构页面。

案例八　制作库和模板

案例情境

指导学生制作一个简单的卡通模板,并应用此模板制作网页。通过本实例,学生可以更加直观地掌握模板的制作与应用,如图 8.1 所示。

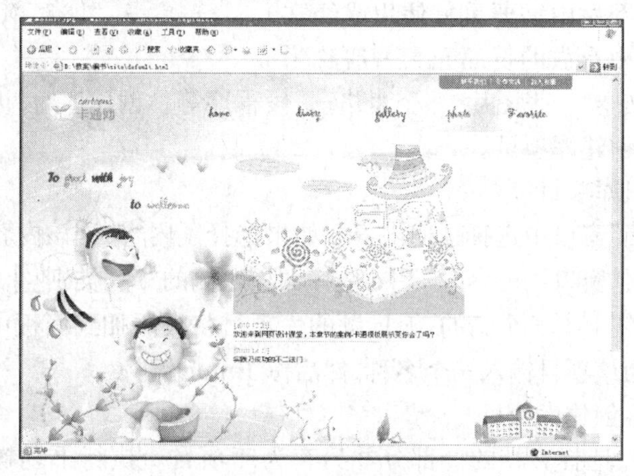

图 8.1　应用模板的网页

第一部分　知识准备

做一个网站,很重要的一点就是整个网站的风格要统一。一个成功的网站在网页设计上必须体现其风格,一些页面的版式都是相同的,即所有的页面都必须体现同一风格。这在建设网站时十分重要。通常其中一个网站的大部分的风格都是固定的,这样内容相似的页面往往使用相同的设计或布局, 不同的只是具体内容,按照我们的习惯方法是重新再做,经过漫长和痛苦的等待, 终于做成了和前面一模一样的网页或网页中的组成部分,这时发现还有其他网页也要同样制作。此时,我们就需要用到库和模板,它可以将网页中不变的元素固定下来,然后用来应用到其他的网页上。表格、框架和图层都是 HTML 中的标准内容,是实实在在的 HTML 标签,而模板和库是 Dreamweaver 中提供的一种机制,能够帮助网页设计师快速制作大量布局相似的网页。这样我们只要运用库和模板,修改相应的部分就可以,而无需再痛苦万分的一切重来。

在学习库和模板之前,首先我们要了解资源。所谓资源,就是网页中所用到的或可能用到的各种图像、声音、视频、超级链接、脚本程序等, 即网页开发中所需要的所有对象都可以称为资源,Dreamweaver 中具体的分为 9 种:图像、颜色、URL、Flash、Shockwave、影片、脚本、模板、库。

资源面板如图 8.2 所示,若要打开“资源”面板。请执行以下操作。

(1)选择“窗口”→“资源”。

(2)出现“资源”面板。默认情况下,“图像”类别处于选定状态。

模板和库包含在资源面板的内部,如果使用模板和库,必须先打开资源面板。值得注意的是,启用资源面板之前,需要事先建立站点并启用缓存。

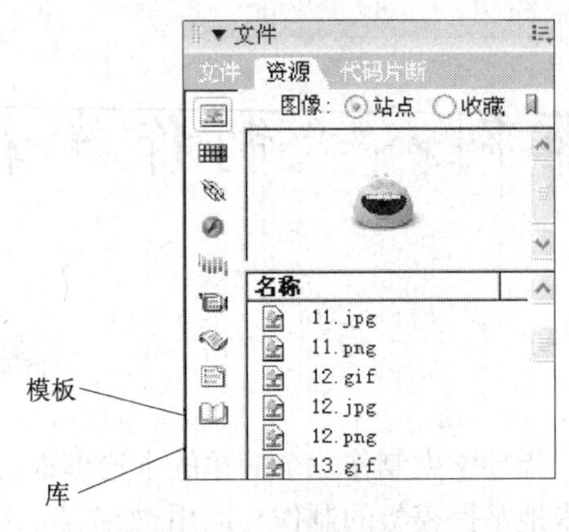

图 8.2 资源面板

知识点一 库和模板的创建

1. 库

库就是用来存放网站中需要重复使用或经常更新的页面元素。库中存放的页面元素一般称为库项目,可以是一段文本、一张图片、一个表格、一段程序等。创建库时,可以创建一个空白库项目或基于选定内容创建库项目。

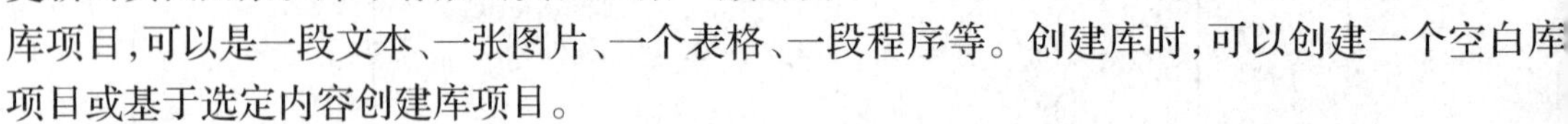

(1)创建一个空白库项目

确保没有在“文档”窗口中选择任何内容。如果选择了内容,则该内容将被放入新的库项目中。在“资源”面板(“窗口”→“资源”)中,选择面板左侧的“库”类别。单击“资源”面板底部的“新建库项目”按钮,一个新的、无标题的库项目将被添加到面板中的列表。在项目仍然处于选定状态时,为该项目输入一个名称,然后按 Enter 键。

(2)基于选定内容创建库项目

在“文档”窗口中,选择文档的一部分并另存为库项目。执行下列操作之一:将选定内容拖到“资源”面板(“窗口”→“资源”)的“库”类别中。在“资源”面板(“窗口”→ “资源”)中,单击“资源”面板的“库”类别底部的“新建库项目”按钮。选择“修改”→ “库”→ “增加对象到库”。为新的库项目键入一个名称,然后按 Enter 键 。Dreamweaver 在站点本地根文件夹的 Library 文件夹中,将每个库项目都保存为一个单独的文件(文件扩展名为 .lbi)。

2. 模板

模板就是一种特殊类型的文档。它作为创建网页的基础,用于设计页面布局相对比较固定的网页。创建模板时,指定可编辑区域和不可编辑区域,以此来限定网页开发人员的操作编辑区域。其主要的好处有:风格一致,避免重复制作相同类型的网页;修改方便,只需修改应用模板即可。

创建模板时,可以从现有文档(如 HTML、Macromedia ColdFusion 或 Microsoft Active Server Pages 文档)中创建模板,或者从新建的空白文档中创建模板。

(1)打开要另存为模板的文档。

若要打开一个现有文档,请选择“文件”→“打开”,然后选择该文档。若要打开一个新的空文档,请选择“文件”→“新建”。在出现的对话框中,选择“基本页”或“动态页”,选择要使用的页面类型,然后单击“创建”按钮。

(2)文档打开时,执行下列操作之一:

选择“文件”→ “另存为模板”;

在“插入”栏的“常用”类别中,单击“模板”按钮上的箭头,然后选择“创建模板”。常用工具栏如图 8.3 所示。

图 8.3　常用工具栏

出现“另存为模板”对话框,如图 8.4 所示。

(3)从“站点”弹出菜单中选择一个用来保存模板的站点,并在“另存为”文本框中为模板输入一个唯一的名称,单击“保存”按钮。

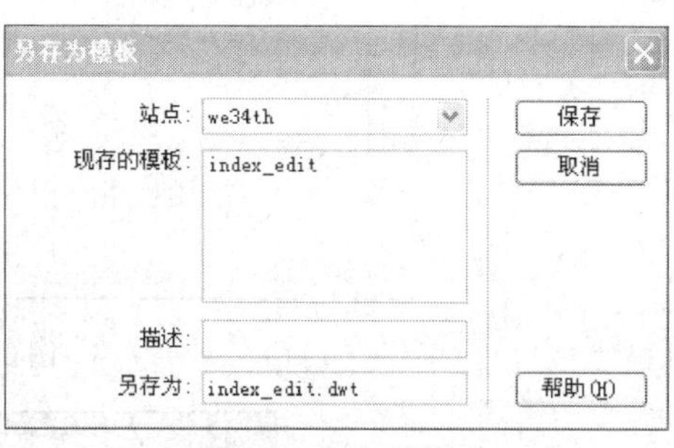

图 8.4　另存为模板

Dreamweaver 将模板文件保存在站点的本地根文件夹中的 Templates 文件夹中,使用文件扩展名.dwt。如果该 Templates 文件夹在站点中尚不存在,Dreamweaver 将在您保存新建模板时自动创建该文件夹。需要注意的是,不要将模板移动到 Templates 文件夹之外或者将任何非模板文件放在 Templates 文件夹中。此外,不要将 Templates 文件夹移动到本地根文件夹之外。这样做将在模板中的路径中引起错误。

3. 使用“资源”面板创建新模板

(1)在“资源”面板(“窗口”→“资源”)中,选择面板左侧的“模板”类别。▣即会显示“资源”面板的“模板”类别。

(2)单击“资源”面板底部的“新建模板”按钮。▣一个新的、无标题模板将被添加到”资源”面板的模板列表中。

(3)在模板仍处于选定状态时,输入模板的名称,然后按 Enter 键。Dreamweaver 在“资源”面板和 Templates 文件夹中创建一个新的空模板。

知识点二　模板对象的设置

1. 模板的应用

要应用模板,可以通过“资源”子面板实现。如对当前的网页文档应用模板,首先展开“资源”子面板,单击面板左侧的▣按钮,显示模板类,然后选中已存在的模板文件,单击“应用”按钮即可,如图 8.5 所示。如果模板与当前文档出现不匹配的情况,将会打开“不一致的区域名称”对话框,在此对话框中设置移动或删除不匹配区域,如图 8.6 所示。

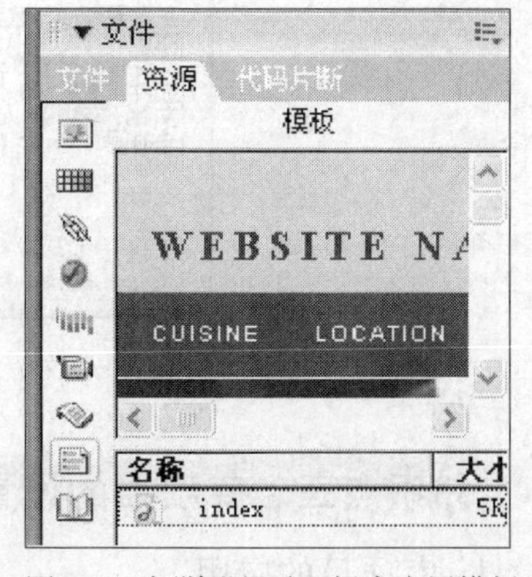

图 8.5　在“资源”子面板中应用模板

2. 模板的更新

模板一旦被应用到多个网页中,对此模板的修改则会更新全部相关联的网页文档的相关内容。要更新模板文件,要先在“资源”子面板中选中模板文件,然后再单击面板底部的 ▣ 按钮或直接双击此模板文件对其进行编辑。对模板的编辑与网页文档的编辑完全一样。当模板文件更新完成后,保存模板文件,如果被更新模板文档已经应用到网页中,将会打开“更新模板文件”对话框,如图 8.7 所示。单击“更新”按钮后,会打开“更新页面”对话框

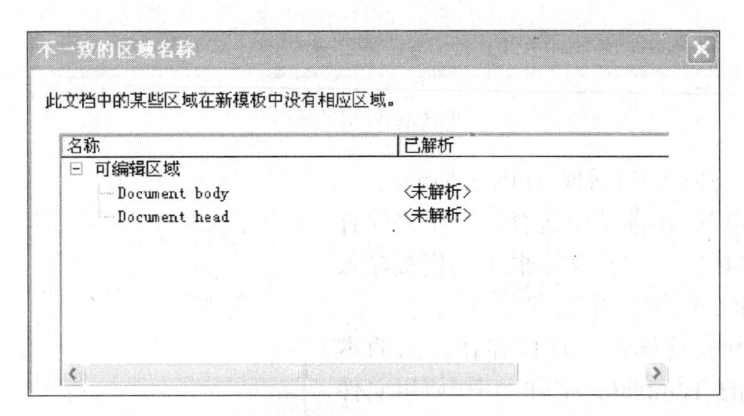

图 8.6　不一致的区域

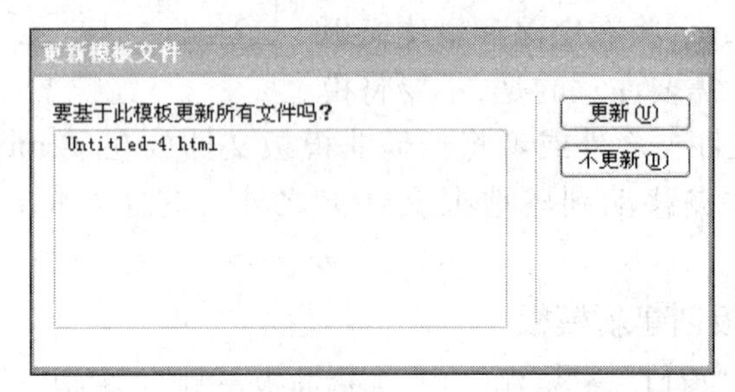

图 8.7　“更新模板文件”对话框

框，显示更新网页文档的信息，如图 8.8 所示。

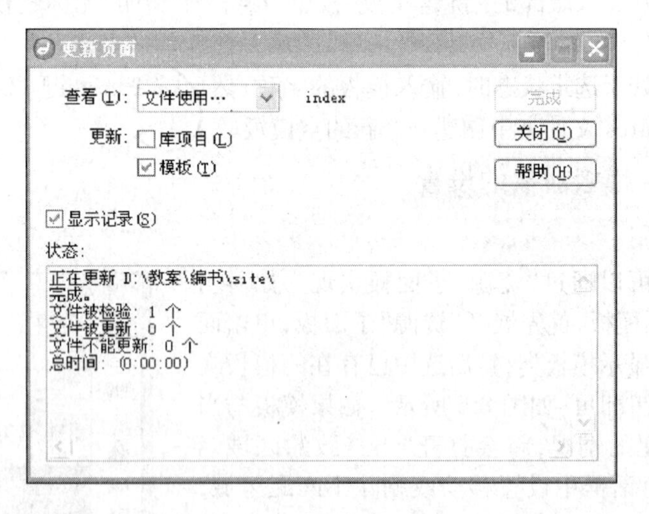

图 8.8　“更新页面”对话框

知识点三　库项目的设置

1. 库项目的应用

前面我们已经讲述了库项目的创建，而要在页面中应用已创建好的库项目，首先要将插入光标定位在文档窗口中要插入库项目的位置，然后展开“文件”面板中的“资源”子面板，单击左侧的□按钮，显示库类。继而单击面板底部的“插入”按钮即可。另外，还可以在“资源”子面板中，选中库项目，按鼠标左键不放，将其直接拖放到文档窗口的指定位置。

2. 库项目的编辑

库一旦被应用到网页文档中，是无法被修改的，要编辑库项目只有打开库文件，对其进行编辑。而如果想将库项目从源文件中分离出来，可按如下步骤操作。

(1)选中要与文档分离的库项目。

(2)选择菜单“窗口→属性”命令，打开“属性”面板，在“属性”面板中选择“从源文件中分离”一项，如图 8.9 所示。之后将会弹出警告信息对话框，如图 8.10 所示。该对话框提示用户如果确定要将该库项目从源文件中分离，则当库项目的源文件被改变时，它将不会自动更新，从源文件中分离出来的库项目将变得可编辑。

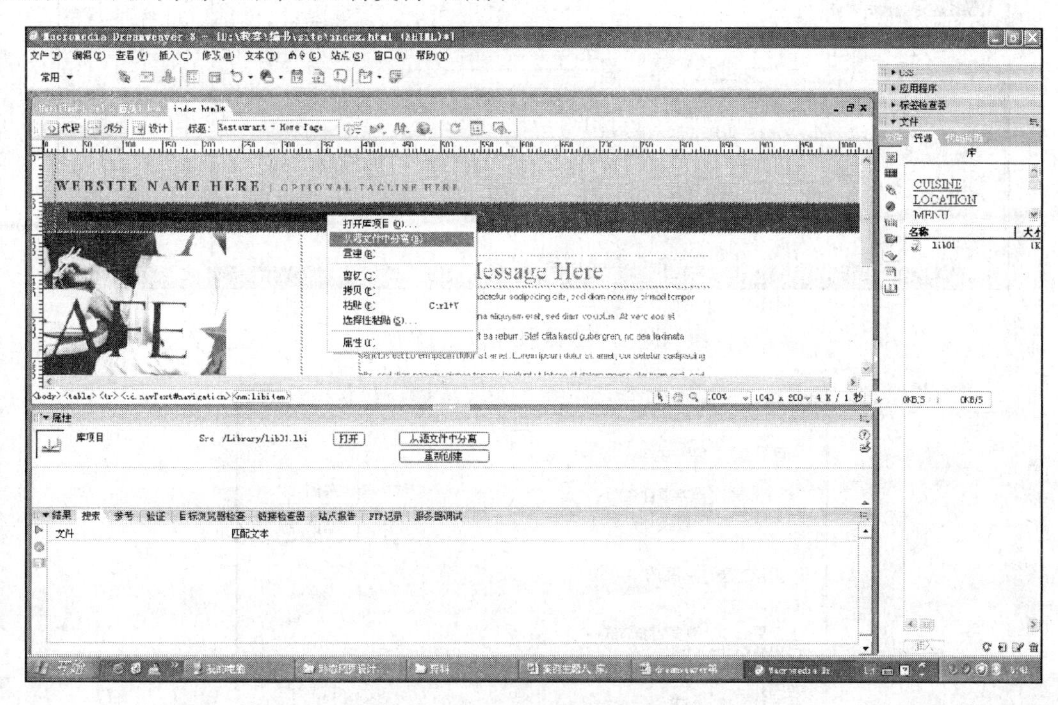

图 8.9　库“从源文件中分离” 命令

对库的修改则会更新全部与其相关联的网页文档。库项目的编辑和模板的编辑方法一致。

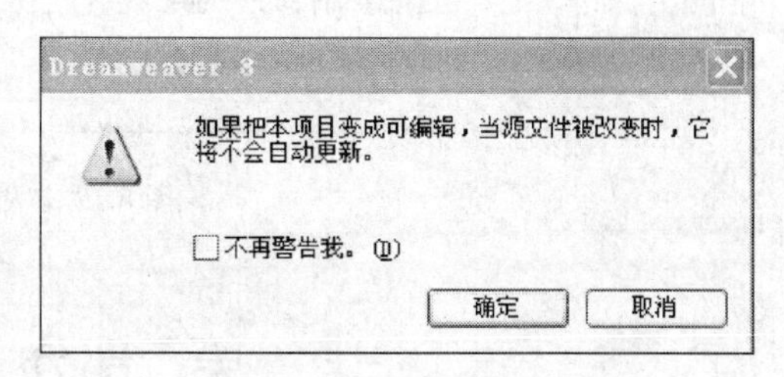

图 8.10　警告信息对话框

当库项目编辑完成后，应保存库文件，如果被修改的库项目文档已经应用到网页中，将会打开“更新库项目”对话框，单击“更新”按钮后，会打开“更新页面”对话框，显示网页文档的信息。其操作同模板更新一致。

上述是库文件常用的更新方法。通常，Dreamweaver 会提示更新网站内所有调用此库文件的网页文件。如果在编辑完库项目后，并未更新所有与之关联的相关页面，还可以通过在“资源”子面板上右击库项目，在快捷菜单中选择“更新站点”命令(如图 8.11 所示)，打开“更新页面”对话框，单击“完成”铵钮，如图 8.12 所示。

最后单击“关闭”按钮，即可完成对整个网站的更新。

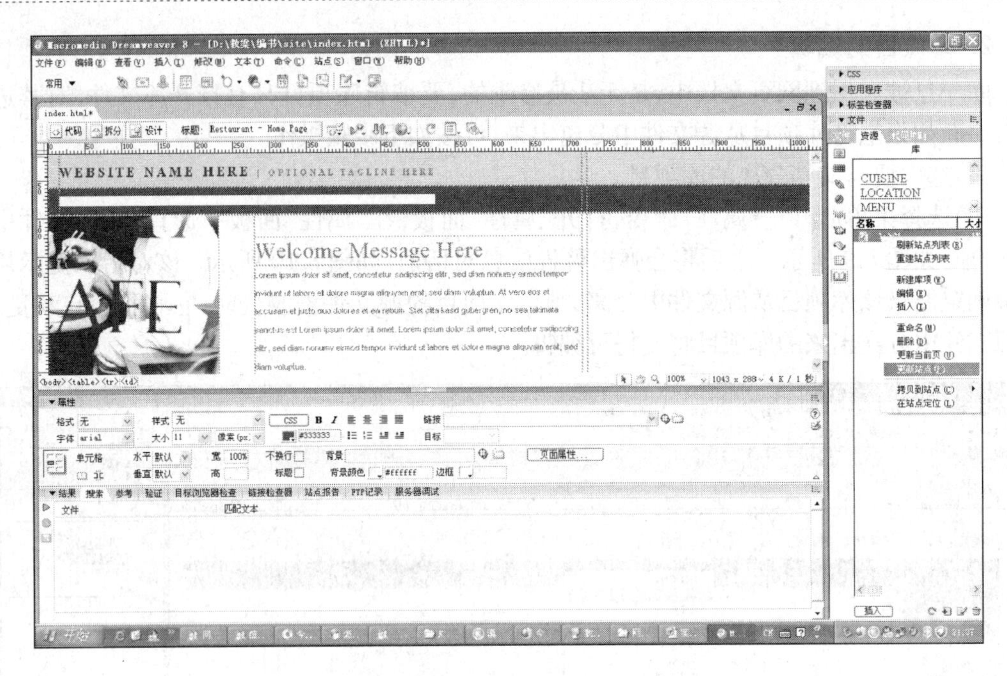

图 8.11 选择“更新站点” 命令

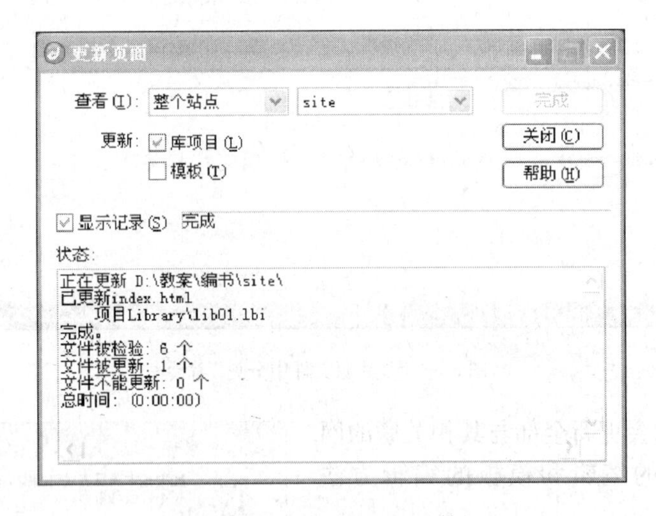

图 8.12 “更新页面” 对话框

第二部分 案例实践

实例一 制作卡通展示模板页

1. 资料的准备

利用 Dreamweaver 打开一个现有文档，请选择“文件”→ “打开”，然后选择该文档，如图 8.13 所示。将页面文件中将会发生改变的内容删除，如图 8.14 所示。

2. 应用模板

选择“文件”→“另存为”，文件名为 default. dwt，如图 8.15 所示。需要注意的是模板文件

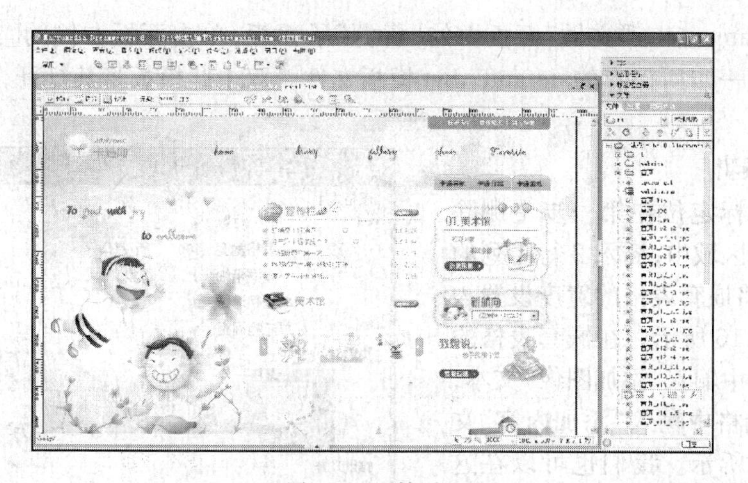

图 8.13　原始页面

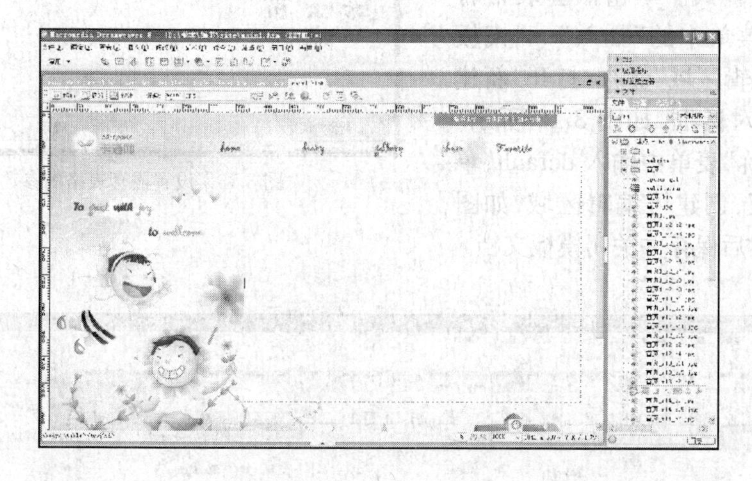

图 8.14　删除后的页面

必须保存在 Templates 文件夹中。

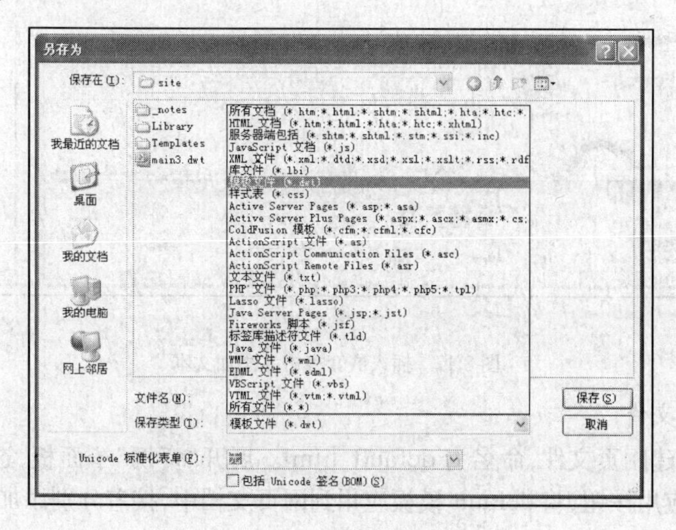

图 8.15　另存模板页

展开 Dreamweaver“文件”面板中的“资源”子面板，单击面板左侧的▤按钮，显示模板类。找到上一步所保存的 default. dwt 模板文件。双击此模板将其打开，进入到模板编辑状态。

3. 模板编辑

将插入光标定位在第一步中删除内容后的空白区域中，插入 2 行 1 列的嵌套表格，并将嵌套表格的宽度设置为 100%，如图 8.16 所示。在嵌套表格的第 1 行单元格中输入“添加图像”文本，在第 2 行单元格中输入“添加内容”文本，如图 8.17 所示。我们也可以在这里对文本设置样式。单击嵌套表格将其选中，选择菜单中的“插入”→“模板对象”→“可编辑区域”命令，打开“新建可编辑区域”对话框，如图 8.18 所示。在弹出的“名称”表单中输入 default，单击“确定”按钮，创建可编辑区域，如图 8.19 所示。然后保存并关闭模板文档。

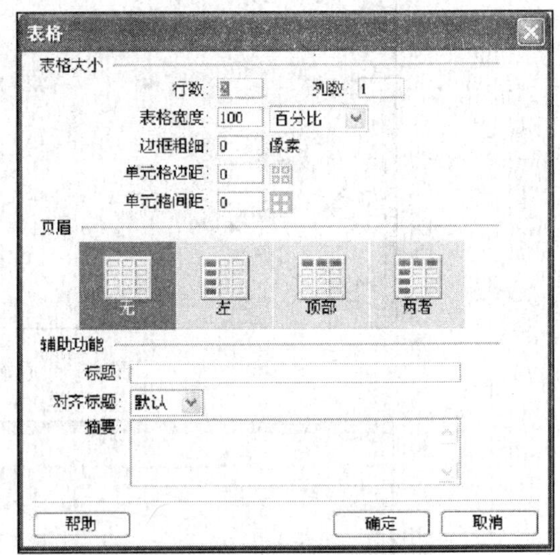

图 8.16　设置嵌套表格的参数

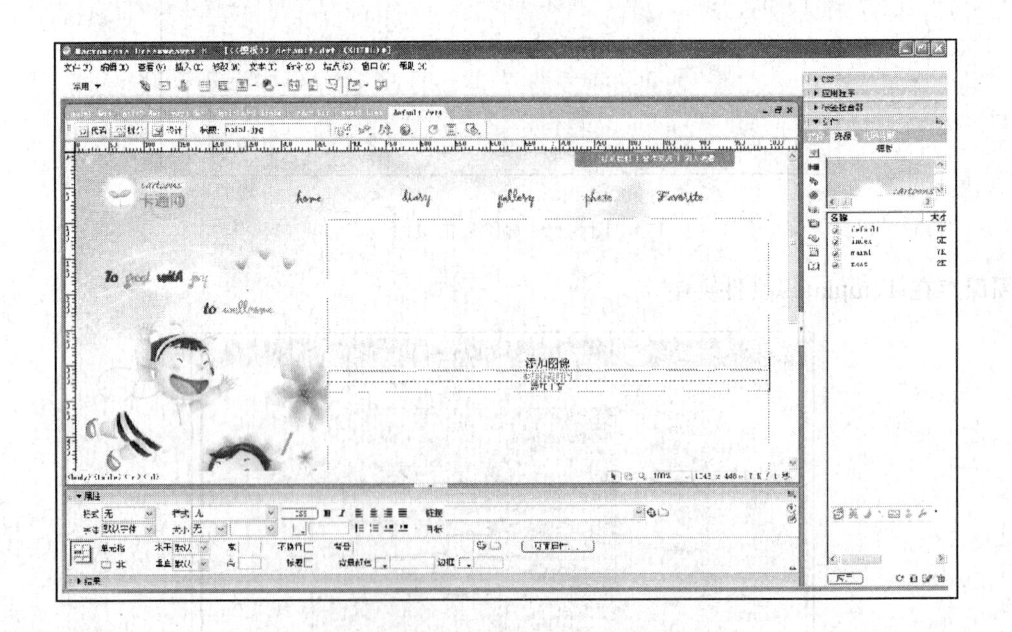

图 8.17　插入嵌套表格并添加文本

4. 新建网页文件

在站点中，新建网页文件，命名为 default. html。展开“资源”子面板，选中 default 模板，单击面板底部的应用按钮，将 default 模板应用到网页文档中，接着分别添加图片和内容，如图 8.20 所示。保存网页文档，按 F12 键进行预览。

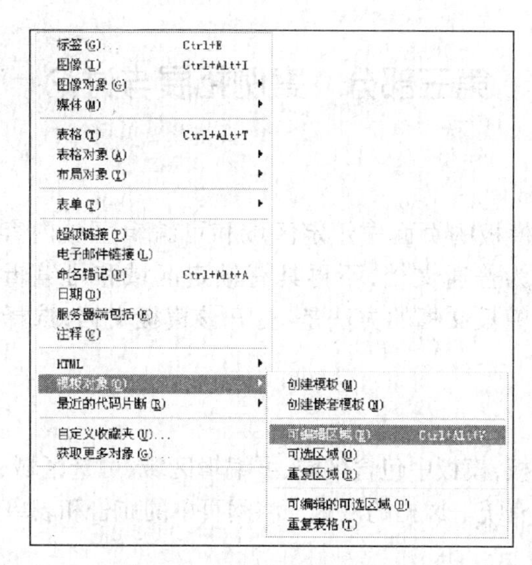

图 8.18 选中可编辑区域菜单项

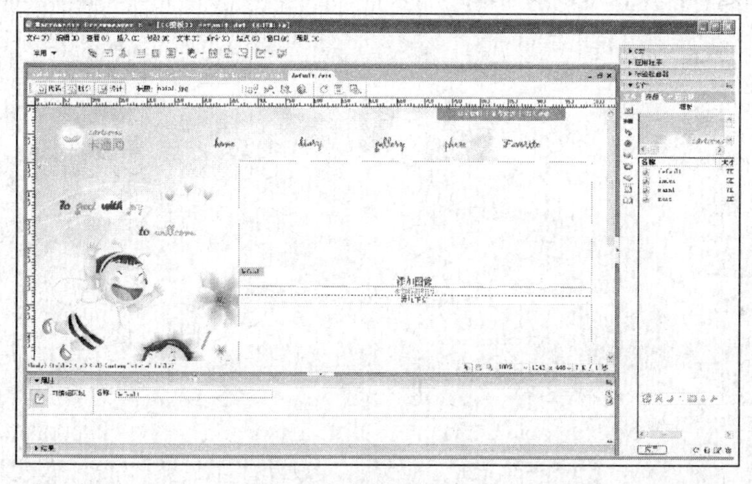

图 8.19 创建可编辑区域

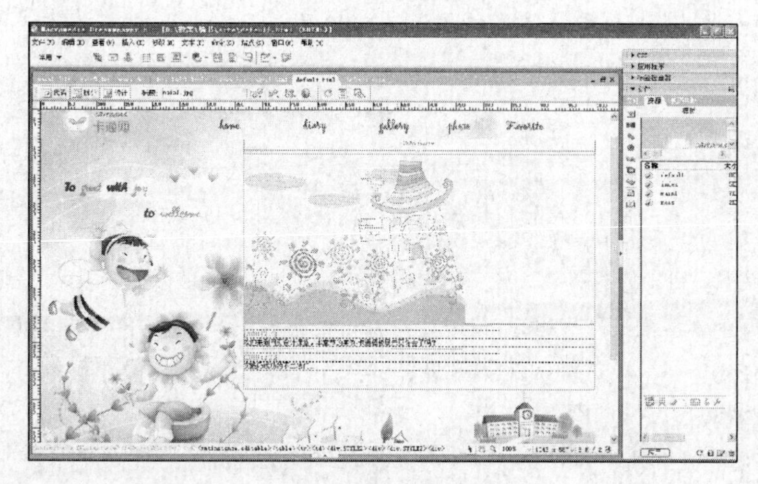

图 8.20 在可编辑区域添加内容

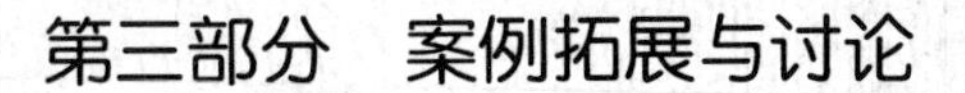

第三部分　案例拓展与讨论

自学与拓展

为了能够改变基于模板的页面中锁定区域和可编辑区域内容,必须将页面与模板分离。分离后的页面将成为普通文档,不再具有锁定区域和可编辑区域,当模板更新时页面也不会被更新。分离模板文档的方法是:打开该模板文档,选择“修改”→“模板”→“从模板中分离”。

学习讨论题

(1)制作一个网页模板,模板中包含区域、可编辑区域、可选区域、可重复区域等网页模板元素,并使用模板创建具有统一风格的网页。将网页中的广告和表单保存为库项目,并应用在网站的页面中。

(2)尝试通过修改模板来修改和维护网页看一下效果。

案例九　制作卡通介绍页（动态网页）

案例情境

(1)本实例将指导学生在网页的状态栏中添加文字。当打开卡通介绍页时,状态栏将显示出欢迎信息。通过本实例学生可以学习“设置状态栏文本”的方法。效果图如图 9.1 所示。

图 9.1　效果图 1

(2)本实例将指导学生在网页导航区域中添加菜单。当鼠标移动到“卡通课件”上时,会显示下拉菜单。通过本实例学生可以学习弹出式下拉菜单的制作方法。效果图如图 9.2 所示。

(3)本实例将指导学生制作图像交换效果。当鼠标移动到图片上时,会显示另一张图片,当鼠标移到图片外时,显示原始图片。通过本实例学生可以学习鼠标经过图像的制作方法。效果图如图 9.3 所示。

图 9.2　效果图 2

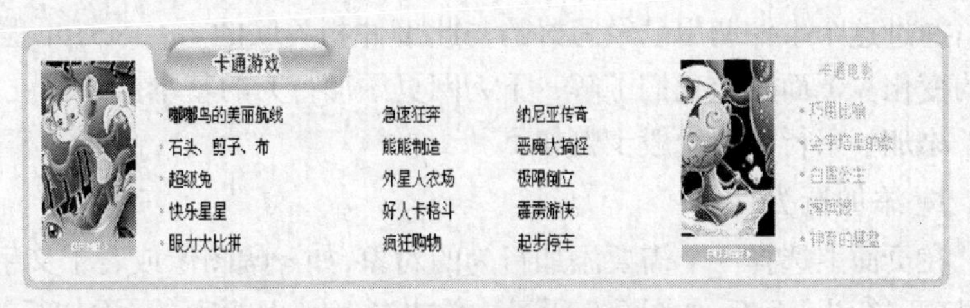

图 9.3　效果图 3

(4)本实例将指导学生制作弹出信息窗口的效果。当打开网页时,会弹出一个显示信息的小窗口。通过本实例学生可以学习打开浏览器窗口的制作方法。效果图如图 9.4 所示。

(5)本实例将指导学生制作加载网页文档时显示欢迎词的效果。当打开网页时,会弹出一个显示信息的对话框。通过本实例学生可以学习"弹出信息"的制作方法。效果图如图 9.5 所示。

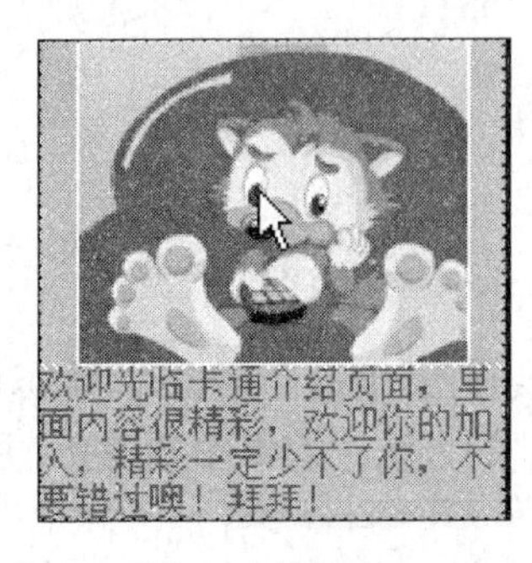

图 9.4　效果图 4

图 9.5　效果图 5

第一部分　知识准备

经过前面的学习,我们还只是停留在静态网页的设计水平。这样的静态网页缺乏互动、形式呆板,而今天的网站越来越追求互动性、灵活性和独特的个性,静态网页的功能已远远不能满足人们的要求。那么,如何设计出具有动态效果的网站呢?这就是下面我们所要探讨的问题。

我们在上网时经常会看到弹出的公告、变换的图像、滚动的新闻以及网站的菜单等,这些动态效果使得网站更具有吸引力,这也是网站具有生命力的重要原因之一。我们利用 Dreamweaver 行为功能,可以十分容易地实现这些动态效果。现在就让我们以制作卡通介绍页为例,一起来深入学习动态效果的制作方法。

知识点一　行为

行为是内置在 Dreamweaver 里的 JavaScript 程序,在网页中使用行为可以让用户在不懂计算机编程的情况下把 JavaScript 程序添加到页面中,从而制作出具有动态效果的网页。Dreamweaver 提供了 20 余种行为,这些行为能够实现为网页添加音乐、菜单、弹出消息、显示与隐藏层等效果。此外,我们还可以通过插件实现扩展的效果,任何人都可以开发自己的插件,也可以从网上获取丰富的插件资源,从而使 Dreamweaver 在功能上得到了无限的扩展。

行为是由一个事件所触发的动作。所谓事件就是访问者对网页所做的事情,例如访问者将鼠标指针停放在网页的某幅图像上,浏览器就会生成相应的 onMouseOver(鼠标经过)事件。通过这个事件调用已经写好的与此事件相关联的 JavaScript 程序,就可使网页发生设定好的变化。下面先让我们了解一下为网页添加行为的基本操作。

添加一条行为的一般步骤如下。

1. 添加行为

在页面上选择一个需要添加行为的对象,如一幅图像或若干文字,执行"窗口"→"行为"命令,打开"行为"面板,如图 9.6 所示。单击"行为"面板上的"添加行为"按钮,从弹出的菜单中选择一个动作,如"弹出信息"命令,在打开的相应动作设置对话框中设置好各个参数后返回到"行为"面板。

2. 定义事件

动作设置好以后就要定义事件了。在“行为”面板中，单击“事件”栏右侧的小三角形按钮，在弹出的下拉列表中选择一个合适的事件，如图9.7所示。

这样完成操作以后，与当前所选对象相关的行为就会显示在行为列表中，如果设置了多个事件，则按事件的字母顺序进行排列。如果同一个事件有多个动作，将以在列表中出现的顺序执行这些动作。如果行为列表中没有显示任何行为，就表示没有行为添加到当前所选的对象。如图9.8所示，“行为”面板中显示了2个行为。

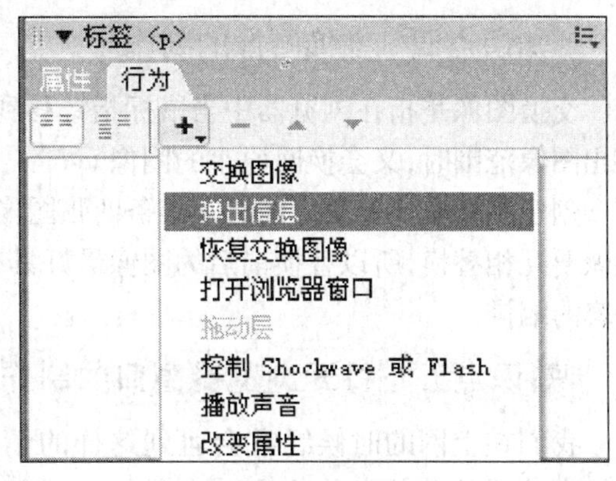

图9.6　“行为”面板

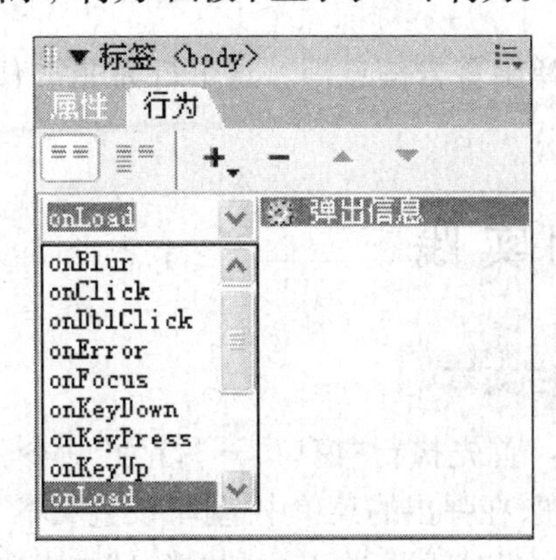

图9.7　定义事件

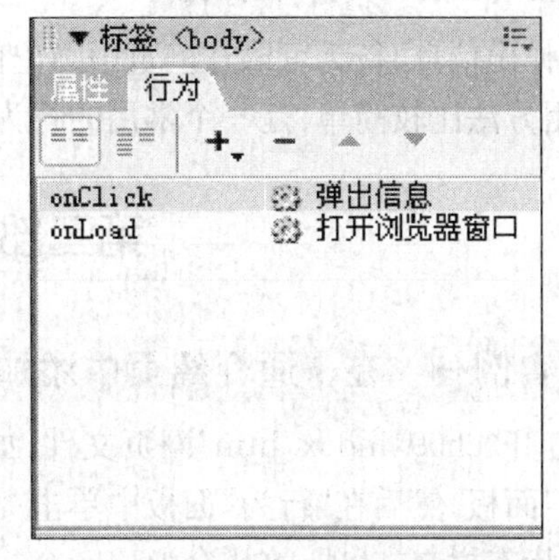

图9.8　“行为”面板中显示的行为

在为某个对象附加了行为之后，我们还可以改变触发动作的事件、添加或删除动作以及改变动作的参数等。

修改行为的具体操作如下。

选择一个附加了行为的对象，执行“窗口”→“行为”命令，打开“行为”面板，然后执行下列操作。

删除行为：将行为选中，单击“删除事件”按钮 - 或按Delete键。

改变动作参数：双击该行为名称或将其选中并按回车键，然后更改对话框中的参数，最后单击“确定”按钮。

改变给定事件的动作顺序：选中某个动作，然后单击“降低事件值”按钮 ▼ 或者单击“增加事件值”按钮 ▲ 。也可以选择该动作，然后剪切，并将它粘贴到所需的位置。

知识点二　状态栏文本的设置

“设置状态栏文本”行为是一个很常用的行为，利用它可以在浏览器窗口底部左侧的状态栏中显示相关的文字信息。

知识点三　弹出式菜单的制作

如果想在网页上创建下拉菜单的效果，你可能会想到需要学习复杂的JavaScript，其实利用行为就可以创建丰富灵活的交互菜单功能。

知识点四　交换图像的制作

交换图像是指在浏览器中当鼠标指针移到一幅图像上时，图像会变成另一幅图像；当鼠标移出图像范围时，又会换回原来的图像。

创建图像交换效果之前必须准备两张图像，一张是鼠标移到图片上时更换的图像。因为图像要互相替换，所以替换前后的图像最好具有相同的尺寸，否则在替换时会打乱页面上其他内容的编排。

知识点五　打开浏览器窗口的制作

我们在上网的时候经常会遇到这样的情况：当打开某个网站页面时，同时会弹出写有通知事项或特殊信息的小窗口。我们利用 Dreamweaver 的“打开浏览器窗口”行为就可以制作这种效果。

知识点六　弹出信息

“弹出信息”行为可以在网页中弹出信息框，比如弹出警告信息等。这个行为非常有用而且使用方法比较简单，是一个常用的行为。

第二部分　案例实践

实例一　在卡通介绍页中添加“设置状态栏文本”

打开“ch09\index. htm”网页文件，如图 9.9 所示。首先执行“窗口”→“行为”命令，打开“行为”面板，然后在“行为”面板中单击“添加行为”按钮，在弹出的菜单中选择“设置文本”下的“设置状态栏文本”项，这样会弹出一个“设置状态栏文本”对话框，在其中的“消息”文本框中输入相关的提示文字，如图 9.10 所示。

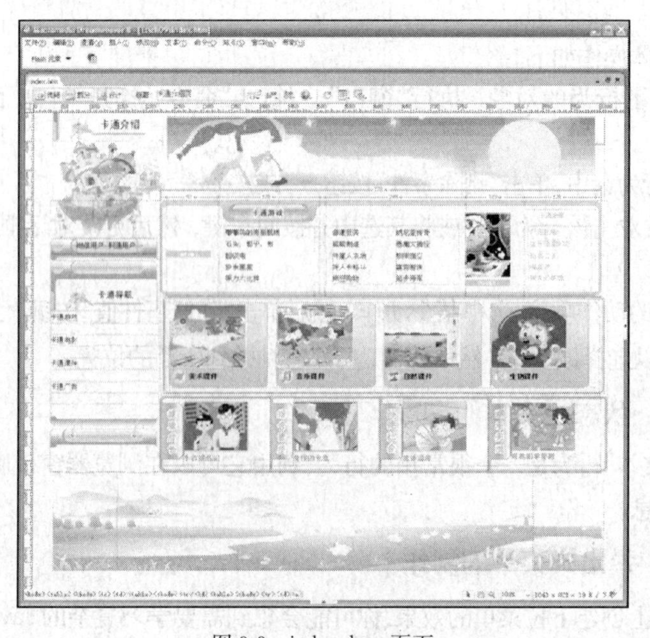

图 9.9　index. htm 页面

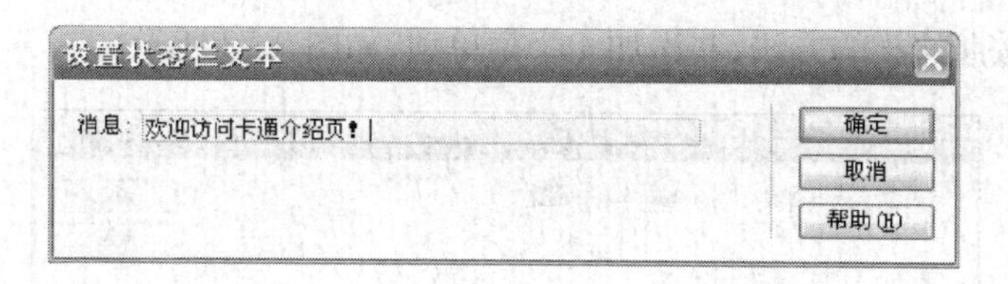

图 9.10　“设置状态栏文本”对话框

单击”确定”按钮以后,“设置状态栏文本”行为就出现在“行为”面板中了。

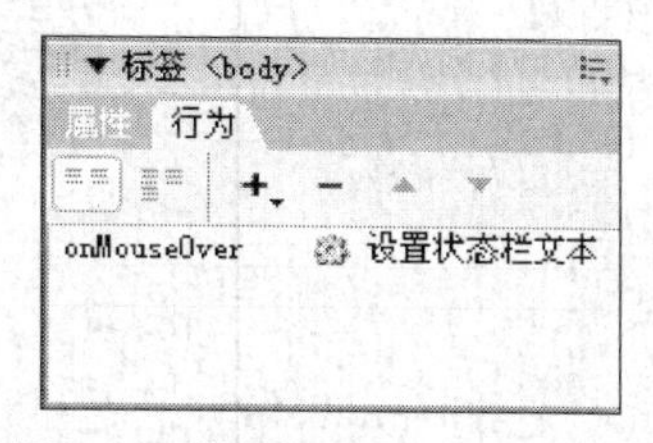

图 9.11　设置“onMouseOver”事件

为了实现把鼠标指针放在图片上以后所执行的动作,把事件设置为“onMouseOver”。这时的“行为”面板如图 9.11 所示。

好了,现在测试一下吧。当打开网页时,状态栏就显示出相关的文字信息,如图 9.12 所示。

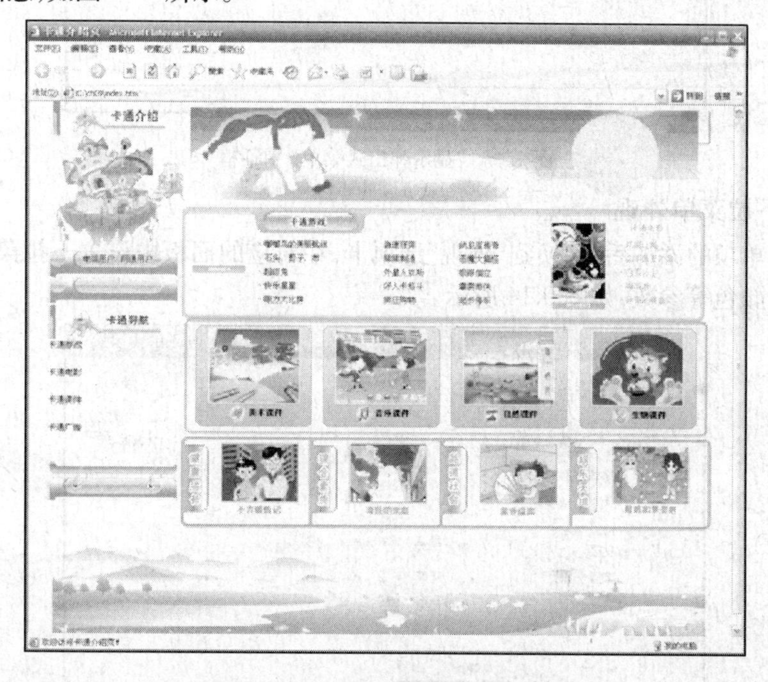

图 9.12　“设置状态栏文本”效果

实例二　制作弹出式下拉菜单

1. 打开页面文档

首先打开要实现下拉菜单效果页面文档,这里我们就以“卡通介绍页”页面文档 index. htm 为例。

2. 添加菜单项

在页面左侧的“卡通导航”中选择“卡通课件”文字,然后在“行为”面板中单击“添加行为”按钮,在弹出的菜单中执行“显示弹出式菜单”命令,这样弹出“显示弹出式菜单”对话框,在其中的“文本”参数中输入“美术课件”,这就是下拉菜单的第 1 个菜单项;然后单击“菜单”参数右边的“添加项”按钮新增加 1 个菜单项,再在“文本”参数中输入“音乐课件”,这就是下拉菜单的第 2 个菜单项。按照这样的方法,共添加 4 个菜单项,如图 9.13 所示。

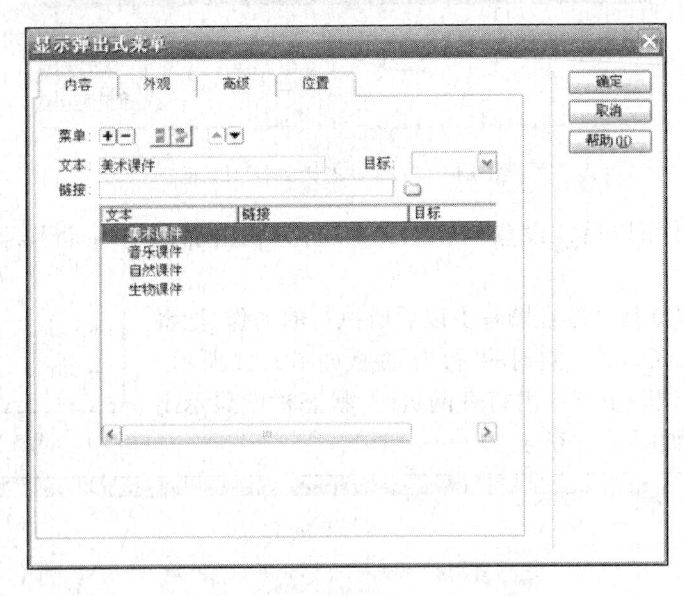

图 9.13 “显示弹出式菜单”对话框

3. 设置下拉菜单外观

完成了菜单项的添加后,切换到“外观”选项卡,在对应的面板中设置下拉菜单的字体、大小、颜色、背景颜色等参数,如图 9.14 所示。

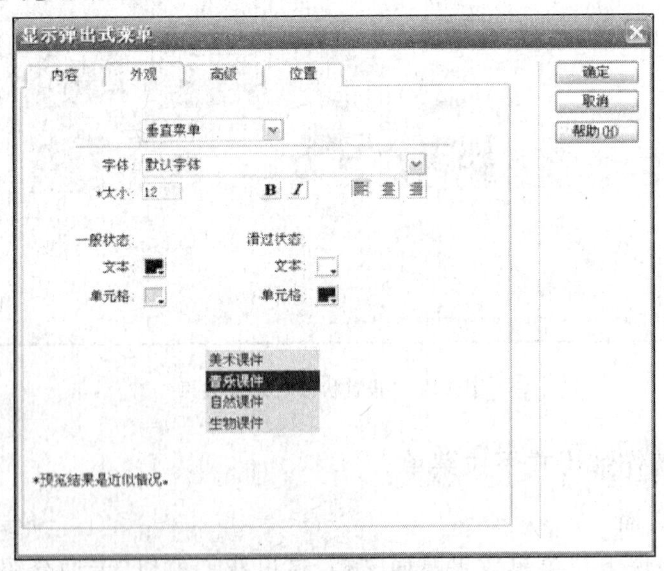

图 9.14 “外观”选项卡

4. 设置下拉菜单边框的厚度和颜色

切换到“高级”选项卡,在对应的面板中可以设置下拉菜单边框的厚度和颜色等参数,如图 9.15 所示。这里,我们采用默认值。

5. 设置下拉菜单的位置

切换到“位置”选项卡,在对应的面板中可以设置下拉菜单的坐标位置。在“菜单位置”参

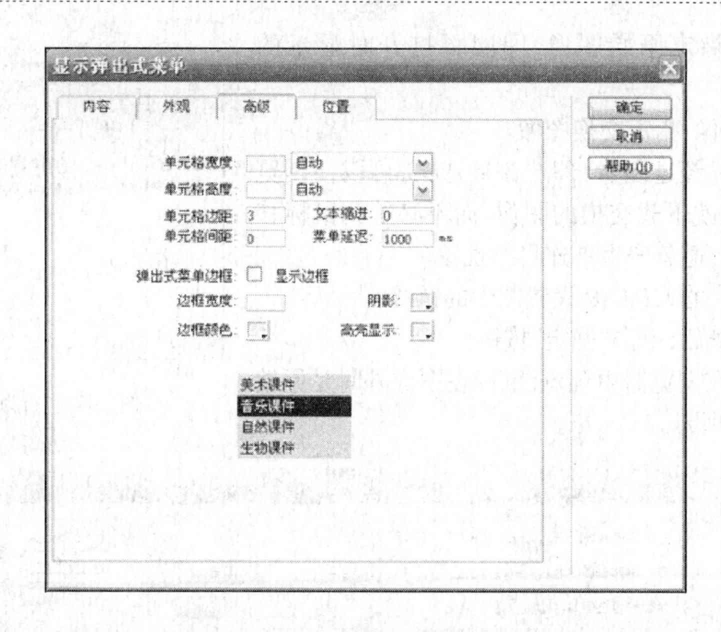

图 9.15　“高级”选项卡

数右边选择第 1 个图标,然后设置“X”坐标值为 45,“Y”坐标值为 9,如图 9.16 所示。

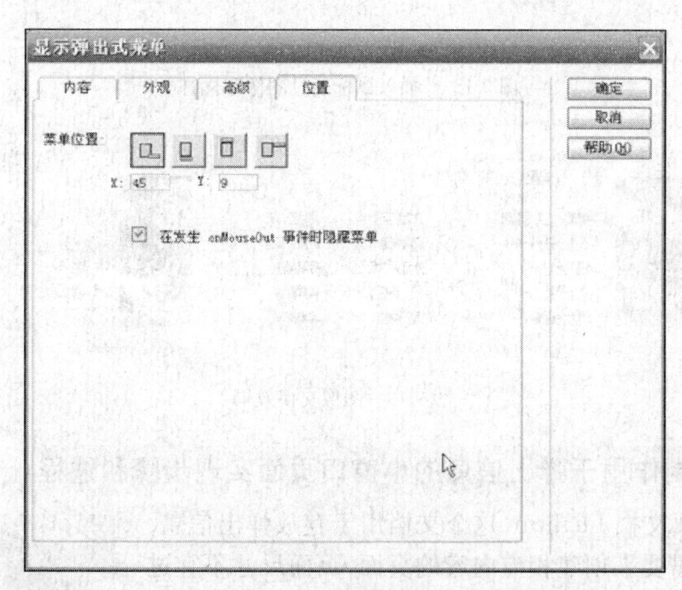

图 9.16　“位置”选项卡

最后单击“确定”按钮完成本例的制作,这时的“行为”面板如图 9.17 所示。

实例三　创建图像交换效果

(1)打开卡通介绍页面 ch09\index. htm,将插入点置于要添加图像的位置。

(2)选择“插入”→“图像对象”→“鼠标经过图像”命令,出现图 9.18 所示的“插入鼠标经过图像”对话框。

(3)在该对话框中可以设置如下选项。

图像名称:一般采用默认的图像名称即可。

原始图像：指定原始图像，即网页打开时显示的图像。

鼠标经过图像：指定交换图像。

(4)预载鼠标经过图像：勾选该复选框，可以使浏览器在装载页面时就下载交换的图像，而不必等到鼠标移到图像上再下载，避免产生不连贯的现象。

按下时，前往的 URL 是设置图像的链接。

(5)设置完毕后，单击“确定”按钮。

按 F12 键，在浏览器中预览，鼠标在图像外时是原始图像，如图 9.19 所示。

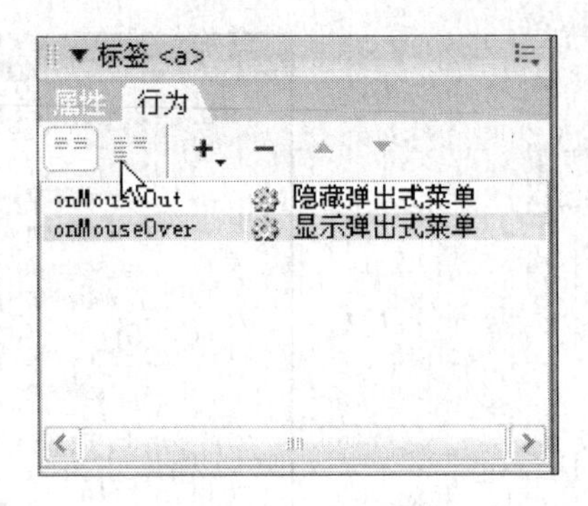

图 9.17 “行为”面板

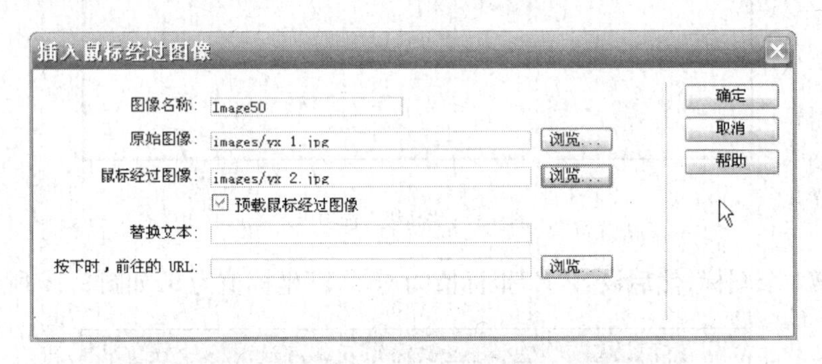

图 9.18 “插入鼠标经过图像”对话框

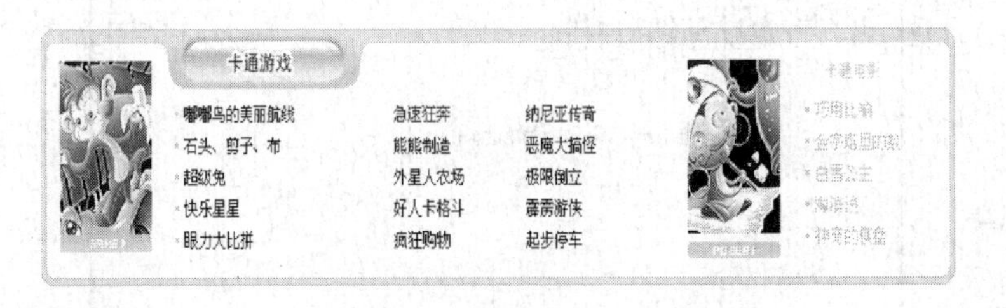

图 9.19 图像交换效果

实例四 制作用于弹出信息的小窗口页面实现步骤和过程

新建一个网页文档 liu. htm，这个文档用于存放弹出信息，可以根据自己的需要来创建相应内容的页面，页面尺寸不宜过大，这里页面的大小设置为 160×180 像素。创建好后的页面效果如图 9.20 所示。

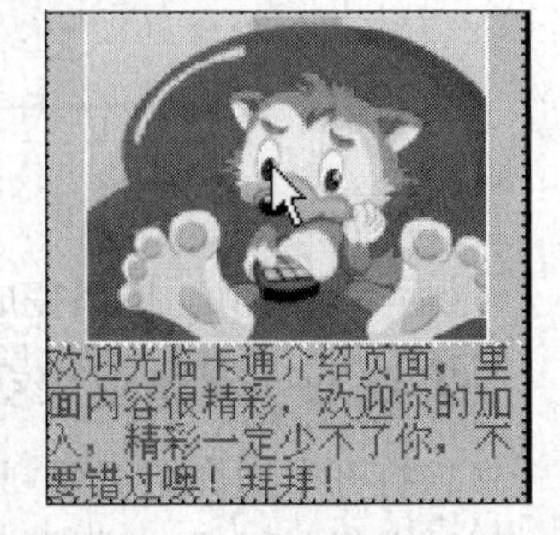

图 9.20 弹出信息的小窗口页面

注意，在制作小窗口的网页文档时，一定要考虑将来弹出窗口的大小，如果用作通告的内容比弹出窗口大，那么在弹出窗口中只截取部分内容来显示。因此，一般情况下应该将用作通告的内容制作得比弹出窗口稍小一些，这样可以保证在弹出窗口中全部显示。

在卡通介绍页面 index. htm 中添加“打开浏览器窗口”行为。打开卡通介绍页面 index. htm，在“标签选择器”中单击<body>标签来选定整个网页文档，在“行为”面板中单击"添加行为"按钮 +.,在弹出的菜单中选择"打开浏览器窗口"项,这样会弹出一个"打开浏览器窗口"对话框,单击"要显示的 URL"文本框右侧的"浏览"按钮,在弹出的"选择文件"对话框中选择用作通告的网页文件 liu. htm,单击"确定"按钮以后,返回到"打开浏览器窗口"对话框,在其中设置"窗口宽度"为 200,"窗口高度"为 220,如图 9.21 所示。

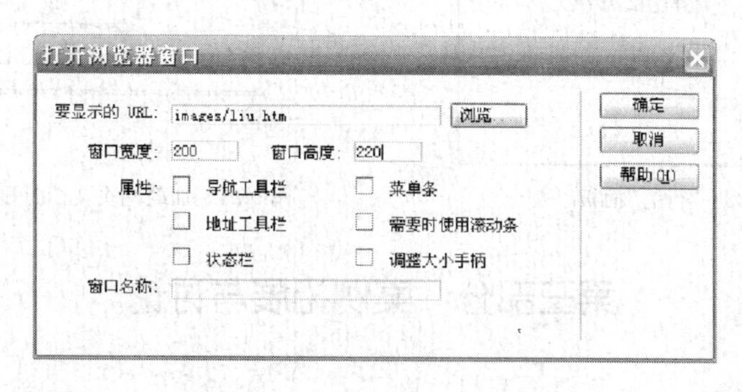

图 9.21　"打开浏览器窗口"对话框

按照前面的步骤在"行为"面板上添加了动作以后,为了在加载网页时显示弹出窗口,将事件设置为 onLoad。现在来测试一下网页效果吧。

实例五　制作加载网页文档时显示欢迎词的效果

1. 打开卡通介绍页页面文档

我们就以卡通介绍页页面文档为例进行这个实例的制作。首先打开卡通介绍页的页面文档 index. htm。

2. 添加"弹出信息"行为

在"标签选择器"中单击<body>标签,选定整个网页文档,在"行为"面板中单击"添加行为"按钮,在弹出的菜单中执行"弹出信息"命令。在"弹出信息"对话框的"消息"文本区域中输入"欢迎访问卡通介绍页!"文字,单击"确定"按钮,如图 9.22 所示。

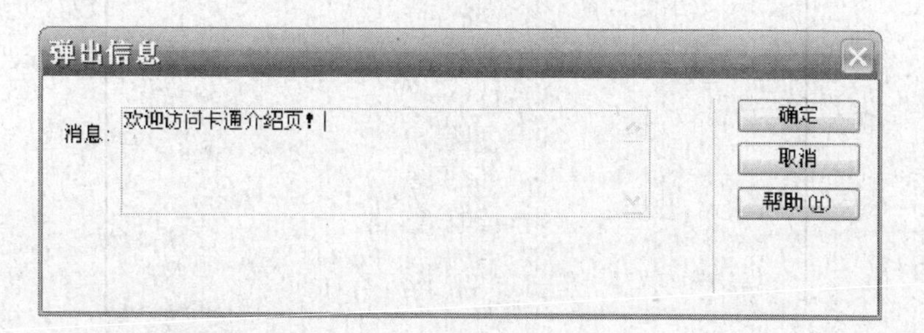

图 9.22　"弹出信息"对话框

3. 设置事件

为了在加载网页文档时显示弹出信息,在"行为"面板中把事件设置为"onLoad"。完成后的"行为"面板情况如图 9.23 所示。

以上操作步骤完成以后,请保存页面文档,然后按 F12 键在浏览器中查看效果,你会发现在加载网页文档的同时弹出信息。弹出信息框如图 9.24 所示。

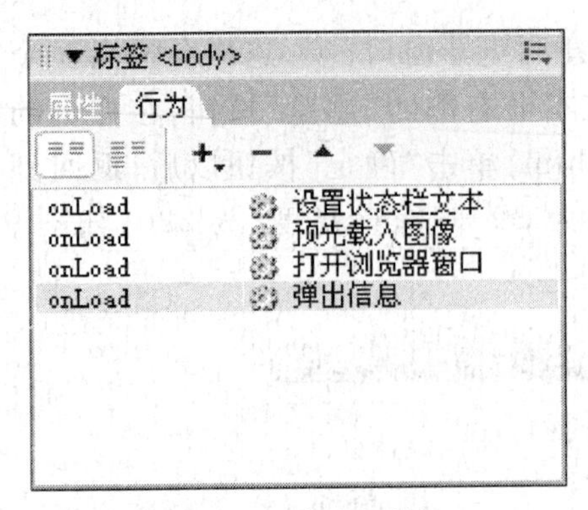

图 9.23 “行为”面板

图 9.24 加载网页文档时显示欢迎词的效果

第三部分 案例拓展与讨论

自学与拓展

“显示或隐藏层”行为可以根据状况来显示或隐藏层的内容，可以制作单击小图片以后显示大图片的效果，下面我们就制作一个具有预览功能的卡通图库页面实例。

(1)打开图库页面文档

为了制作本实例，我们已经事先将图库页面基本布局设置好了，打开 tuku. htm 文件，我们将在这个打开的页面上继续制作图库页面。

打开 tuku. htm 文件后，在“设计视图”下，可以看到如图 9.25 所示的页面效果。

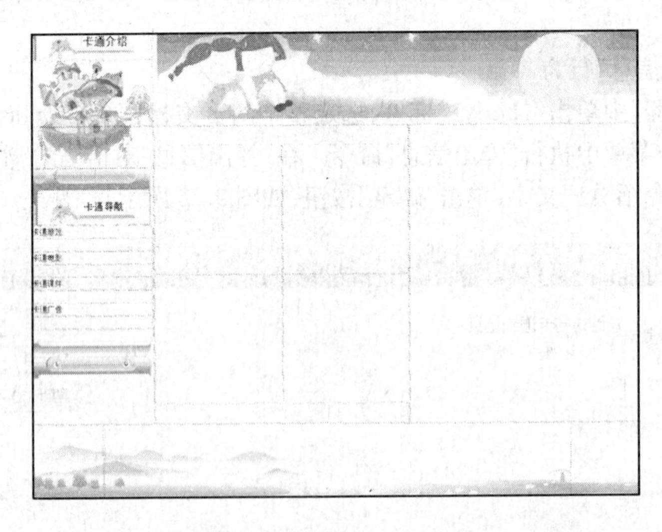

图 9.25 打开 tuku. htm 文件

(2)插入缩略小图片

将光标定位在页面的第 1 个单元格中，执行“插入”→“图像”命令，将 photo001 _ sm. jpg 图像文件插入到单元格中，居中对齐。按照同样的方法，将 photo002 _ sm. jpg、photo003 _ sm. jpg、photo004 _ sm. jpg 分别插入到另外 3 个单元格中，最后效果如图 9.26 所示。

(3)插入层

将光标定位在右边的单元格中，先输入“请单击左边的缩略图……”提示文字。创建一个

图 9.26　插入缩略小图片

大小合适的层,我们将在这个层中插入放大的图片,如图 9.27 所示。

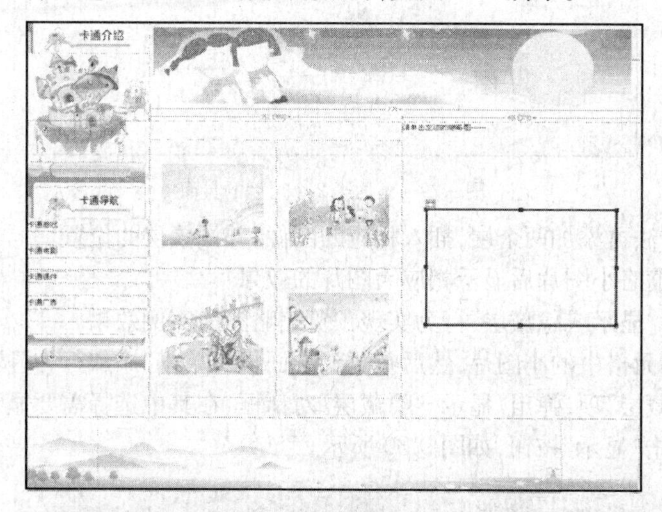

图 9.27　插入层

提示:根据要在层中显示的图片的大小,将层的尺寸设置为 300×180 像素。

(4)在层中插入图片

将光标定位在层中,插入图像 photo001. jpg,然后调整层的位置,并记下其位置参数,如图 9.28 所示。

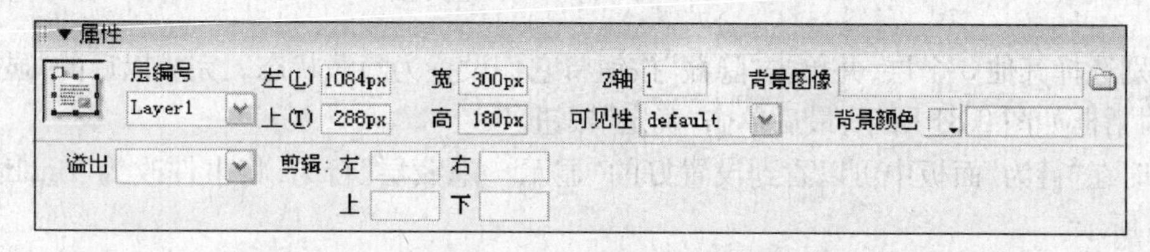

图 9.28　记下“属性”面板中层的位置参数

提示:在调整层的位置时,一定要将右边的面板组折叠隐藏起来,否则就会与浏览器中显示的效果有所偏差。

(5)重叠其他层

为了在刚刚制作的层上制作其他层,先打开“层”面板,确认其中的“防止重叠”复选项没有被选中。

创建一个新层,尺寸还是300×180像素,并在新层中插入第2幅图像photo002.jpg。选中这个新层,在“属性”面板中,将层的位置参数“左”和“上”设置得与前面层一致,如图9.29所示。

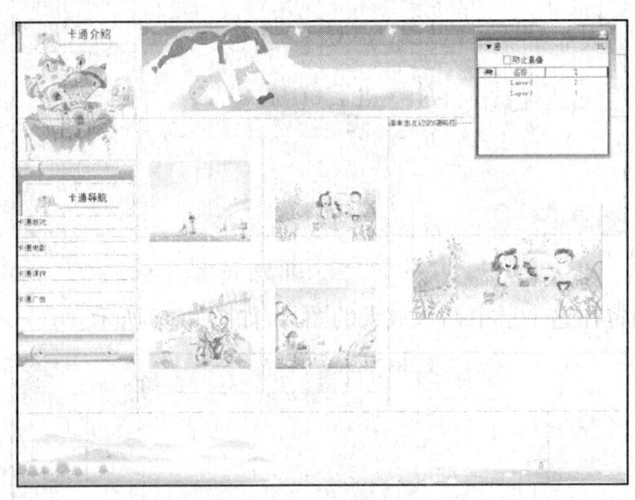

图9.29 添加第2个层后的页面

按照同样的方法再添加两个层,插入相应的图像,并设置层的位置。

(6)实现单击缩略小图片后显示相应大图片的效果

以下步骤要用“显示或隐藏层”行为实现预览缩略图的实例效果。

选择第1个单元格中的小图片,然后在“行为”面板中单击“添加行为”按钮,在弹出的菜单中选择“显示-隐藏层”项,弹出“显示-隐藏层”对话框,在其中选择需要显示的大图片所在的层“Layer1”,并单击“显示”按钮,如图9.30所示。

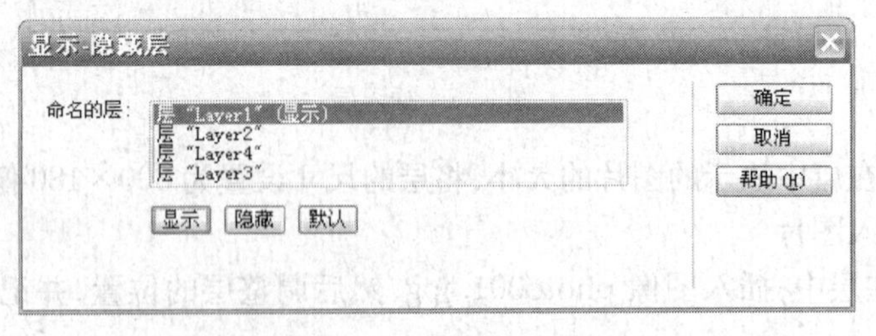

图9.30 将“Layer1”设为显示层

分别选择其他3个层,并单击“隐藏”按钮将它们设置为隐藏状态。完成以后的“显示-隐藏层”对话框如图9.31所示,最后单击“确定”按钮。

此时在“行为”面板中可以看到设置好的“显示-隐藏层”行为,将事件改为“onclick”,如图9.32所示。

通过以上步骤就定义好第1个小图片的行为了,当单击第1个小图片时,显示层“Layer1”中对应的大图片,其他3个层暂时隐藏。

按照同样的方法定义另外3幅小图片的行为,这里不再详述。

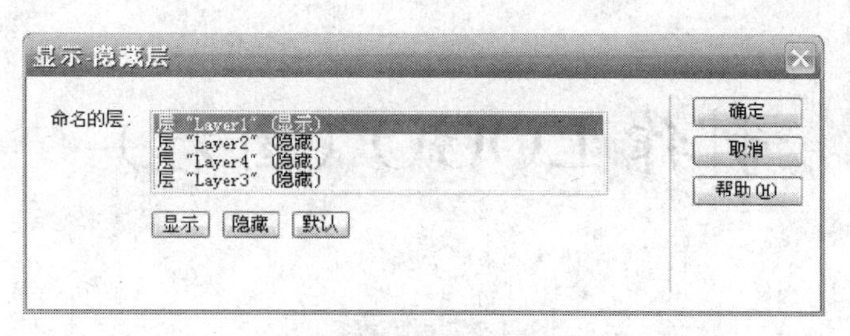

图 9.31　完成设置以后的"显示-隐藏层"对话框

学习讨论题

现在保存文档并测试,就会发现总有 1 幅大图片先显示出来,其实我们需要的效果是当单击小图片时才显示大图片。如何来解决这个问题?

提示:打开"层"面板会发现每个层名称前面都是空白的。现在用鼠标单击两次眼睛图片,这样在每个层名称前面都出现一个闭合的眼睛图标,这说明这些层都暂时隐藏起来了,如图 9.33 所示。

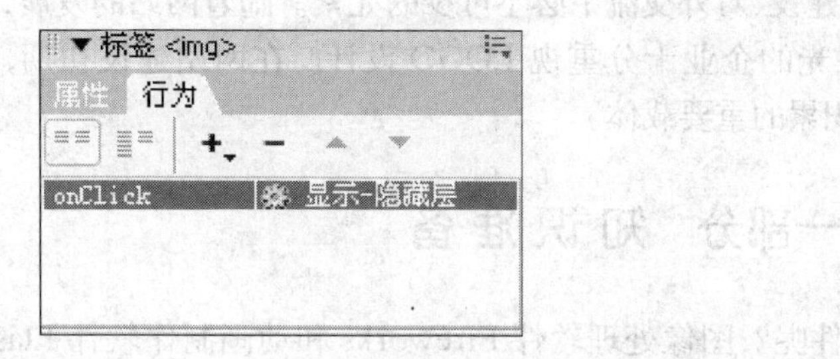

图 9.32　"行为"面板

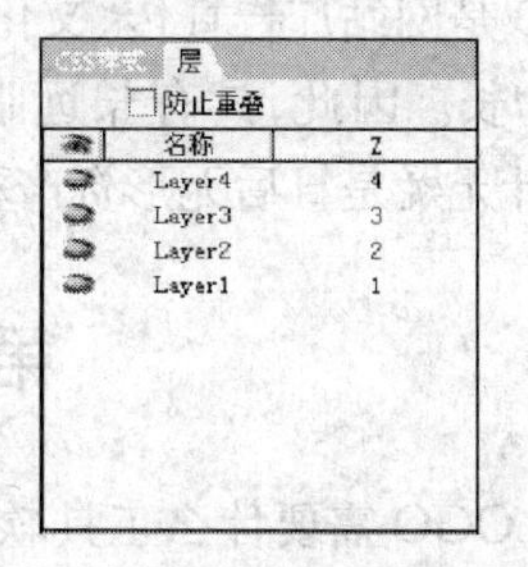

图 9.33　"层"面板

案例十　制作 LOGO（图标）

案例情境

对于一个网站来说，LOGO 是一张不可或缺的名片。LOGO 是人们了解一个网站的重要门户，而 LOGO 图形化的形式，特别是动态的 LOGO，比文字形式的链接更能吸引人的注意。就一个网站来说，LOGO 能迅速传递网站的第一讯息。一个设计精美的网站，也必然有一个设计精美的 LOGO。LOGO 是网站的灵魂所在，也是“点睛”之处。LOGO 是网站特色和内涵的集中体现。网站强大的整体实力、优质的产品和服务都被涵盖于标志中。

LOGO 是网站广告宣传、文化建设、对外交流中必不可少的元素。随着网站的发展，其价值也不断增长。因此，具有长远眼光的企业十分重视 LOGO 设计。在网站建设初期，好的 LOGO 设计无疑是日后无形资产积累的重要载体。

第一部分　知识准备

制作 LOGO 需要什么工具软件呢？图像处理软件 Fireworks 和动画制作软件 Flash 就可以很好地胜任这份工作，另外 Photoshop、CorelDraw 等工具软件也能制作出精美的 LOGO。

Dreamweaver、Flash、Fireworks 这 3 款软件通常被称为网页三剑客。该套软件组合作为专业的网页设计软件，是许多从事网页设计工作人员的必备工具。即使读者是初学者，也可以快速地掌握该套软件的使用方法。

网页三剑客就是对网页进行编辑。Dreamweaver、Flash、Fireworks 这 3 款软件之所以称为三剑客，很大一部分原因是这 3 款软件能无缝合作。制作网页时，通常使用 Fireworks 导出切片、图片等，在 Dreamweaver 中绘制表格，然后使用 Flash 制作动画，最后在 Dreamweaver 中加以修改、添加链接等，便能做出一个非常好看的页面。

为了便于网络上信息的传播，需要一个统一的国际标准。关于网站的 LOGO，目前有 3 种规格：

① 88×31 像素，这是互联网上最常见的 LOGO 规格；

② 120×60 像素，这种规格用于一般大小的 LOGO；

③ 120×90 像素，这种规格用于大型 LOGO。

知识点一　Fireworks 的使用

Fireworks 是一款专业化的 web 图像设计软件，使用 Fireworks 不仅可以编辑位图和矢量图等网页中常见的图形图像，而且可以通过修剪和优化图形图像来缩减文件的大小——对于网页制作者来说，这一点非常重要。Fireworks 很大的优势就在于它能将位图和矢量图合二为一的处理。

Fireworks 与 Dreamweaver 结合得很紧密，只要将 Dreamweaver 的默认图像编辑器设为 Fireworks，那么在 Fireworks 里修改的文件就会立即在 Dreamweaver 里更新。Fireworks 可以引用所有的 Photoshop 的滤镜，可以直接将 PSD 格式图片导入，支持网页十六进制的色彩模式，提供安全色盘的使用和转换。要切割图形、做背景透明、修改图像大小，在 Fireworks 中都非常方便，不需要再同时打开 Photoshop 和 CorelDraw 等各类软件来进行切换。

1. Fireworks 的启动

安装好 Fireworks 后，可以使用开始菜单启动 Fireworks，也可以双击桌面上的 Fireworks 图标启动软件。

在 Windows 桌面的左下角单击“开始”按钮，在弹出的开始菜单中选择“所有程序”→“Macromedia”→“Macromedia Fireworks 8”选项，如图 10.1 所示。

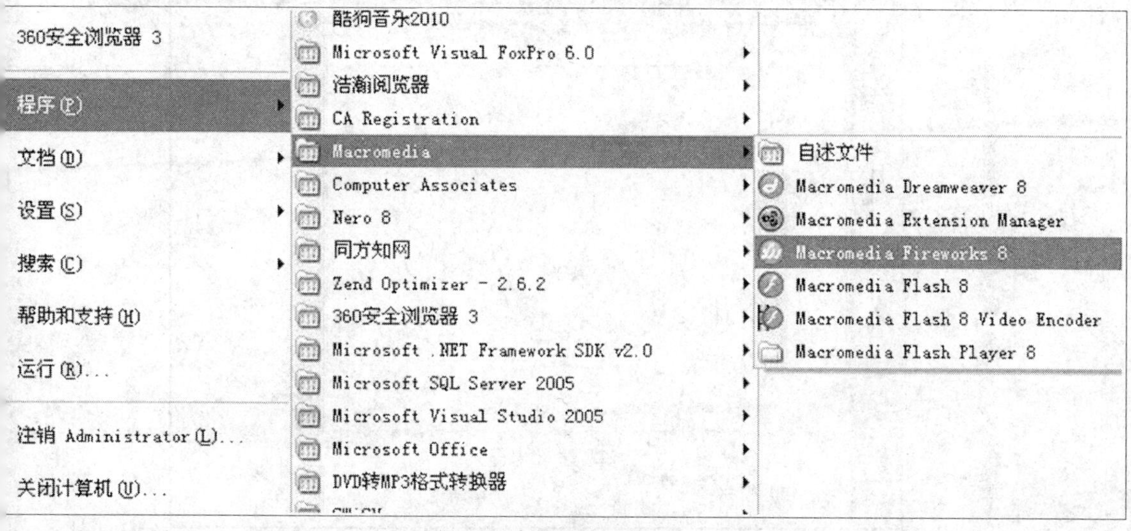

图 10.1　启动 Fireworks

启动 Fireworks，打开初始化界面。初始化界面后会打开 Fireworks 工作区的“开始页”，如果选中“开始页”左下角的“不再显示”复选框，在下次启动时将不再打开“开始页”，而直接进入页面窗口，如图 10.2 所示。

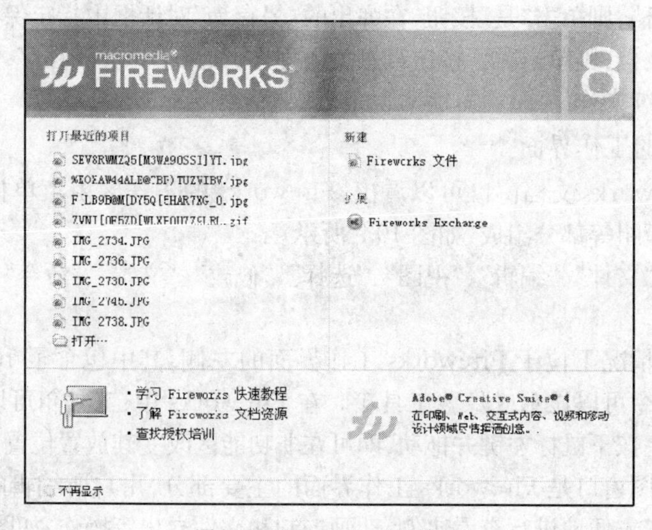

图 10.2　Fireworks“开始页”

在“开始页”中单击“新建”→“Fireworks 文件”→“新建文档”对话框，如图 10.3 所示。

在对话框中设置好属性后单击“确定”按钮，即可打开 Fireworks 的工作界面，如图 10.4 所示。

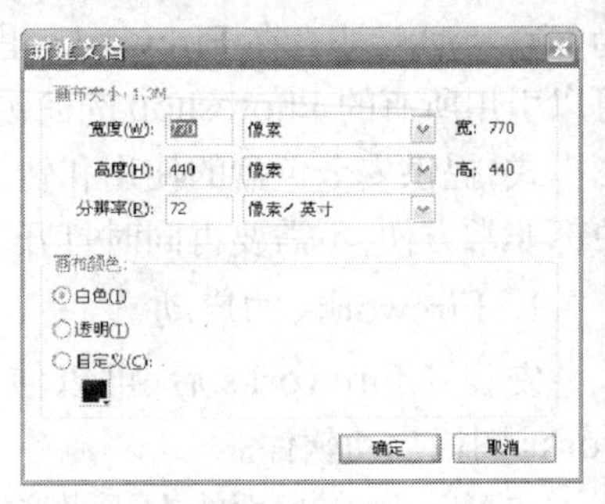

图 10.3 “新建文档”对话框

2. Fireworks 的退出

当不再需要使用 Fireworks 应用程序时，应该将其关闭。关闭 Fireworks 的方法有以下几种。

(1)单击程序窗口标题栏最右端的“关闭”按钮 。

(2)按“Alt + F4”组合键。

(3)选择“文件”→“退出”命令。

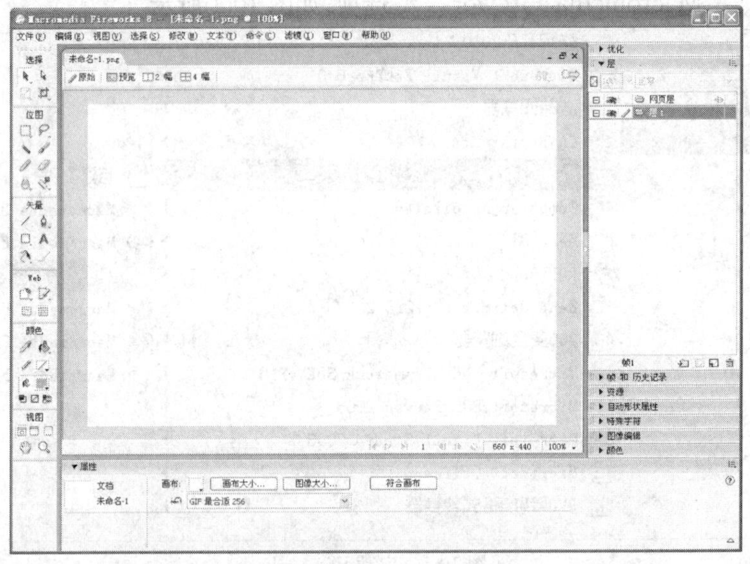

图 10.4 Fireworks 工作界面

如果修改了 Fireworks 文档的内容后直接关闭程序，系统会弹出提示框，询问是否保存文档后再关闭。

如果要保存文档，则单击“是”按钮，在弹出的“另存为”对话框中指定保存文件位置并保存文件；如果不保存文档，则单击“否”按钮直接关闭程序；如果不想关闭程序，则单击“取消”按钮返回文档窗口中继续操作。

3. Fireworks 的工作界面

从打开的 Fireworks 文档窗口可以看出，Fireworks 的工作区由菜单栏、工具箱、绘图窗口、属性面板和面板组等部分组成，如图 10.5 所示。

“菜单栏”包括“文件”、“编辑”、“视图”、“选择”、“修改”、“文本”、“命令”、“滤镜”、“窗口”和“帮助”10 个菜单。

“工具箱”默认情况下位于 Fireworks 工作界面的左侧，其中包含了 10 多种工具。选择“窗口”→“工具”命令可以显示或隐藏工具箱。在 Fireworks 中，工具箱可以在窗口中任意移动，用户只需在其上按下鼠标左键并拖动，即可在非功能区改变其放置位置。

“绘图窗口”绘图窗口是 Fireworks 工作界面的主要部分，用户所编辑的对象都在这里显示，而且可以通过它方便地进行查看比例、动画控制和文件导出等操作，如图 10.6 所示。

图 10.5　Fireworks 工作区

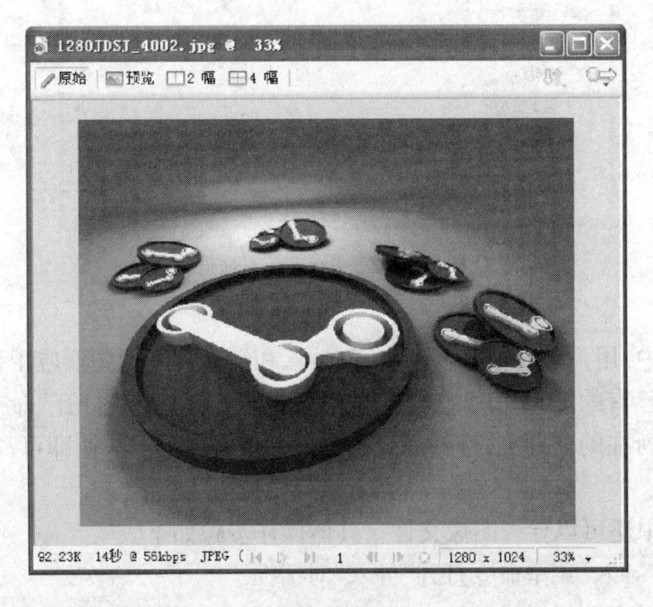

图 10.6　绘图窗口

“属性面板”位于绘图窗口的底部,其中的参数随着绘图窗口中的对象不同而变化,如图 10.7 所示。当编辑矢量图形时,属性面板中会出现笔触、填充、滤镜等参数设置选项;而当编辑位图图像时,属性面板只出现滤镜参数设置选项。灵活运用属性面板的各项参数设置,可以制作出许多独特的图形效果。要打开或关闭属性面板,选择“窗口”→“属性”命令即可。

“面板组”在绘图窗口的右侧排列放置,包括优化面板、层面板、帧和历史记录面板、自动形状面板、样式面板、库面板、URL 面板、混色器面板、样本面板、信息面板、行为面板、查找面板和对齐面板等。

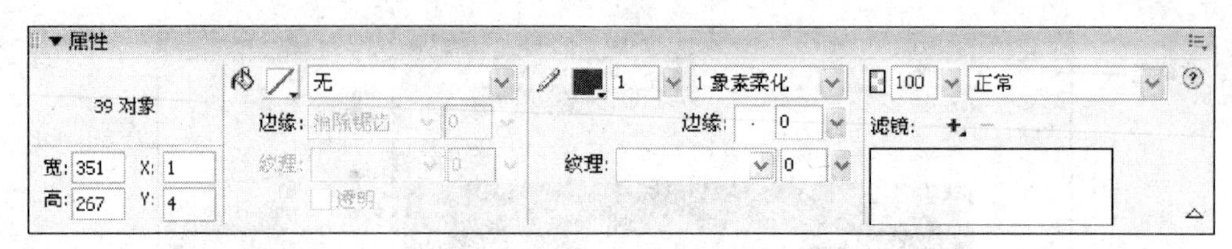

图 10.7　属性面板

4. Fireworks 的基本操作

(1)新建文档

要在 Fireworks 中创建新文档,可以选择"文件"→"新建"命令,打开"新建文档"对话框,如图 10.8 所示。在对话框中输入画布的宽度和高度数值,单位可以选择像素、英寸或厘米,然后输入图片的分辨率数值,单位有像素 /英寸和像素 /厘米。

图 10.8　"新建文档" 对话框

(2)打开文档

在 Fireworks 中,用户可以很容易地打开、导入和编辑在其他图形应用程序中创建的矢量和位图图像。打开已有的 Fireworks 文档时,可以选择"文件"→"打开"命令,然后在 "打开" 对话框中浏览文件所在的文件夹,选择需要的文件并单击"打开"按钮即可,如图 10.9 所示。

(3)导入文档

在 Fireworks 中还可以导入图像文件。具体操作步骤如下。

选择"文件"→"导入"菜单命令打开"导入"对话框。

在"导入"对话框中选择要导入的文档,然后单击"打开"按钮。

待文档窗口中的光标变成「形状,按住鼠标左键拖动形成一个矩形的虚线框。

拖到适当的位置松开鼠标左键,图像就会根据用户指定区域的大小自动地改变原始尺寸填满整个区域。

(4)保存和导出文档

在 Fireworks 中创建的文档一般都会保存为 PNG 格式文档。如果想生成 Web 页中常用的 JPEG 或 GIF 格式,则需要使用"导出"命令。选择"文件"→"保存"命令,打开如图 10.10 所示的"另存为"对话框。在该对话框的"文件名"文本框中输入文档名称,并选择保存路径,然后单击"保存"按钮即可保存文档。

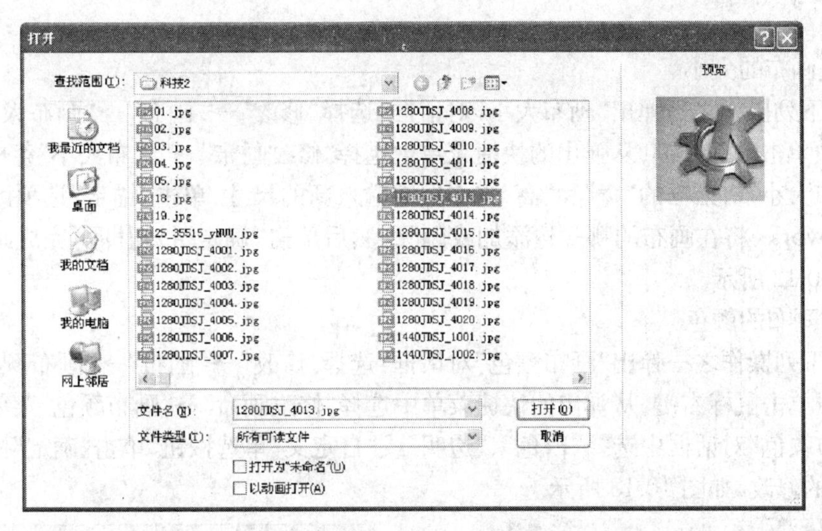

图 10.9 “打开” 对话框

图 10.10 “另存为” 对话框

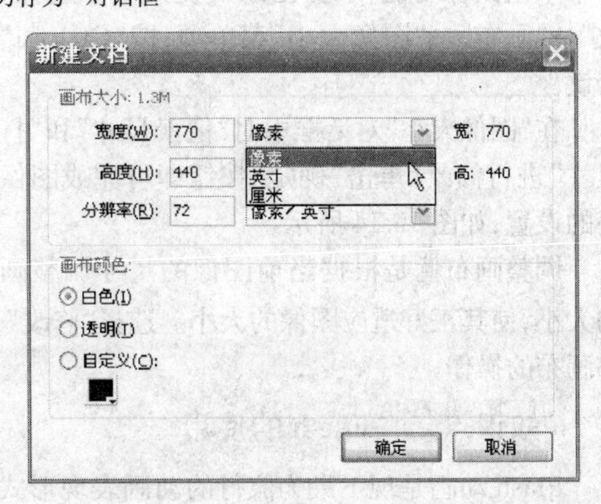

图 10.11 “新建文档” 对话框

(5)设置文档属性

使用 Fireworks 进行设计创作时，有些文档的属性设置在一开始时无法确定，这需要随着制作的进行渐渐确定。例如画布的大小、图像内容在画面中的位置、图像的分辨率等。

① 设置画布

新建 Fireworks 文档时，在弹出的“新建文档”对话框中可以使用像素、英寸或厘米为单位设置画布的宽度和高度值，以像素 /英寸或像素 /厘米为单位设置分辨率，如图 10.11 所示。还可以为画布设置背景颜色(白色、透明或自定义)。单击自定义颜色按钮■，从弹出的调色板中可以选择合适的颜色作为画布的颜色。

② 改变画布的大小

可进行下列操作之一弹出“画布大小”对话框：选择“修改”→“画布”→“画布大小”菜单命令；在画布中单击鼠标右键，从弹出的快捷菜单中选择“修改画布”→“画布大小”菜单项。

在“画布大小”对话框的“宽”和“高”文本框中输入新的尺寸，单击“锚定”选项区中的按钮以指定 Fireworks 将在画布的哪一边添加或删除，然后单击“确定”按钮即可完成画布大小的修改，如图 10.12 所示。

③ 更改画布的颜色

可进行下列操作之一弹出“画布颜色”对话框：选择“修改”→“画布”→“画布颜色”菜单命令；在画布中单击鼠标右键，从弹出的快捷菜单中选择“修改画命”→“画布颜色”菜单项。

在“画布颜色”对话框中选择“白色”、“透明”或“自定义”单选按钮，单击“确定”按钮即可完成画布颜色的修改，如图 10.13 所示。

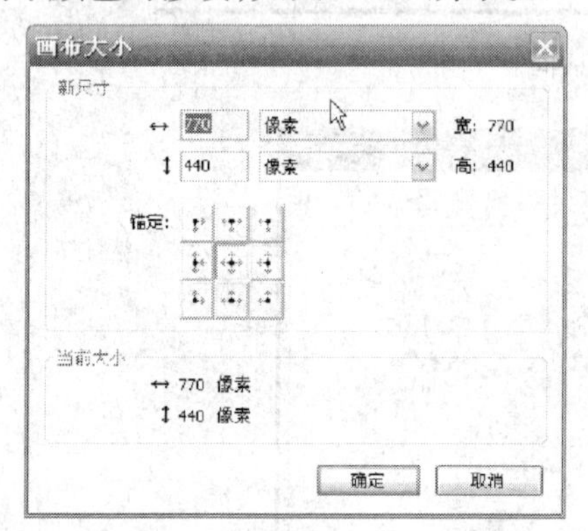

图 10.12 “画布大小”对话框

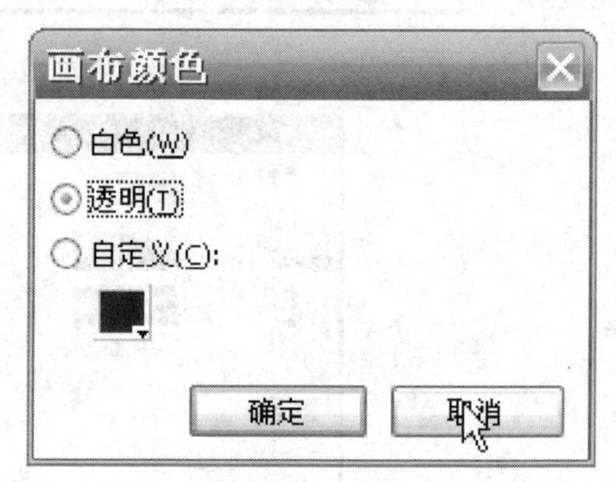

图 10.13 “画布颜色”对话框

④ 修改图像大小

可进行下列操作之一弹出“图像大小”对话框：选择“修改”→“画布”→“图像大小”菜单命令；在画布中单击鼠标右键，从弹出的快捷菜单中选择“修改”→“画布”→“图像大小”菜单项；按“Ctrl + J”组合键。

在“图像大小”对话框中对“像素尺寸”和“打印尺寸”进行修改，单击“确定”按钮即可完成图像大小的设置，如图 10.14 所示。

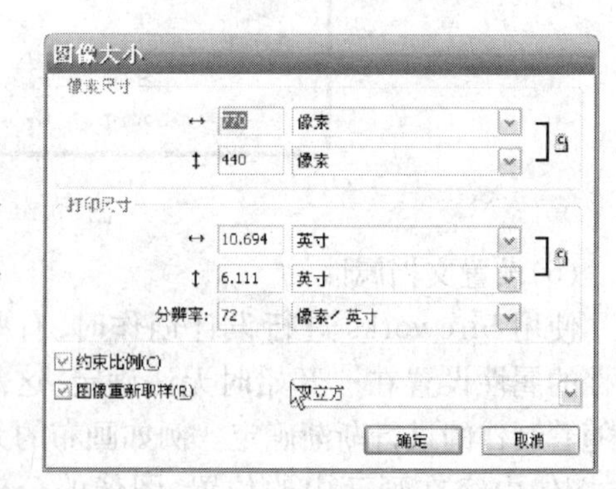

图 10.14 “图像大小”对话框

调整画布就是根据当前图像的尺寸调整画布的大小，使其正好适应图像的大小。选择“修改”→“画布”→“符合画布”菜单命令即可完成调整画布的操作。

知识点二 Flash 的使用

Flash 动画是现下最为流行的动画表现形式之一，它凭借自身诸多优点，在互联网、多媒体课件制作以及游戏软件制作等领域得到了广泛应用。使用 Flash 可以创建许多类型的应用程序。以下是 Flash 能够生成的应用程序种类的一些示例。

动画：包括横幅广告、联机贺卡和卡通画等。许多其他类型的 Flash 程序也包含动画元素。

游戏：许多游戏都是使用 Flash 构建的。游戏通常结合了 Flash 的动画功能和 ActionScript 的逻辑功能。

用户界面：许多 Web 站点设计人员习惯于使用 Flash 设计用户界面。它可以是简单的导航栏，也可以是复杂得多的界面。

灵活消息区域：设计人员使用 Web 页中的这些区域能显示可能会不断变化的信息，如餐厅 Web 站点上的灵活消息区域(FMA)可以显示每天的特价菜单。

丰富 Internet 应用程序：这包括多种类别的应用程序，它们提供了丰富的用户界面，用于通过 Internet 显示和操作远程存储的数据。丰富 Internet 应用程序可以是一个日历应用程序、价格查询应用程序、购物目录、教育和测试应用程序，或者任何其他的使用丰富图形界面提供远程数据的应用程序等。

要构建 Flash 应用程序，通常需要进行下列基本步骤的操作。确定应用程序要执行哪些基本任务。创建并导入媒体元素，如图像、视频、声音和文本等。在舞台上和时间轴中排列这些媒体元素，以定义它们在应用程序中显示的时间和方式。根据需要对媒体元素应用特殊效果。编写 ActionScript 代码以控制媒体元素的行为方式，包括这些元素对用户交互的响应方式。测试应用程序，确定它是否按照预期的方式工作，并查找其构造中的缺陷。在整个的创建过程中需要不断地测试应用程序。将 FLA 文件发布为可在 Web 页中显示并可使用 Flash Player 回放的 SWF 文件。

1. Flash 的启动

安装好 Flash 后，可以使用开始菜单启动 Flash，也可以双击桌面上的 Flash 图标启动软件或双击 Flash 相关联的文档。

在 Windows 桌面的左下角单击“开始”按钮，在弹出的开始菜单中选择“所有程序”→“Macromedia”→“Macromedia Flash 8”选项，如图 10.15 所示。

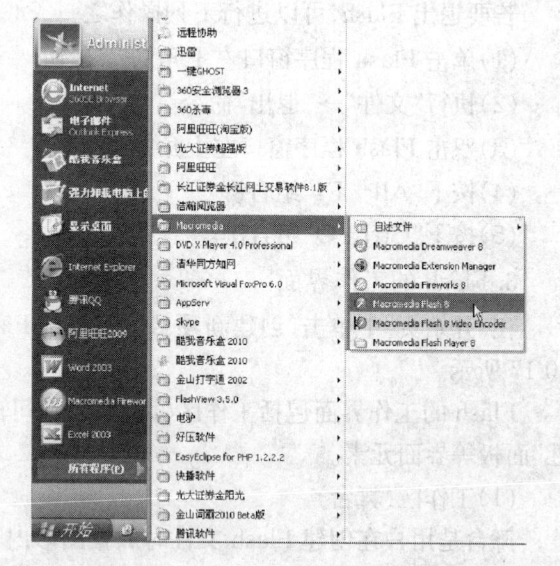

图 10.15　启动 Flash

启动 Flash，打开初始化界面。初始化界面后会打开 Flash 工作区的“开始页”，如果选中“开始页”左下角的”不再显示”复选框，在下次启动时将不再打开“开始页”，而直接进入页面窗口，如图 10.16 所示。

开始页包含以下 4 个区域。

(1)打开最近项目

该区域用于打开最近的文档。也可以通过单击“打开”图标显示“打开文件”对话框。

(2)创建新项目

该区域列出了 Flash 的文件类型，如 Flash 文件和 ActionScript 文件等，可以通过单击列表中所需的文件类型快速地创建新的文件。

(3)从模板创建

该区域列出了创建新的 Flash 文件最常用的模板。可以通过单击列表中所需的模板创建

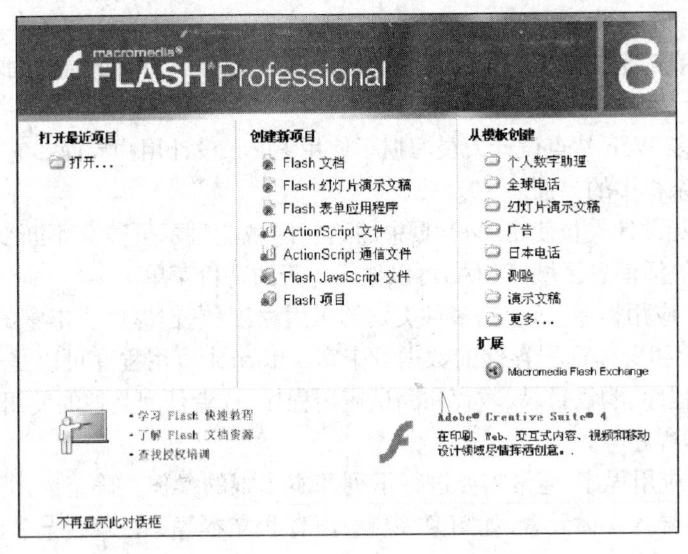

图 10.16　Flash 开始页

新文件。

(4)扩展

该区域链接到 Macromedia Flash Exchange web 站点,用户可以在其中下载 Flash 的助手应用程序、Flash 扩展功能以及相关的信息。

2. 退出 Flash

若要退出 Flash,可以进行下列操作之一。

(1)单击 Flash 程序窗口右上角的 按钮。

(2)执行"文件"→"退出"命令。

(3)双击 Flash 程序窗口左上角的 图标。

(4)按下"Alt + F4"组合键。

(5)按下"Ctrl + Q"组合键。

3. Flash 的工作界面

在"开始页"中单击"创建新项目"下边的"Flash 文档"选项将进入 Flash 工作界面,如图 10.17 所示。

Flash 的工作界面包括工作区(舞台)、"时间轴"面板、工具箱、"库"面板、"动作"面板、"属性"面板等界面元素。

(1)工作区(舞台)

舞台是用户在创建 Flash 文件时放置图形内容的矩形区域,这些图形内容包括矢量插图、文本框、按钮、导入的位图图形或者视频剪辑等。Flash 工作环境中的舞台相当于 Macromedia Flash Player 或 Web 浏览器窗口中在回放期间显示 Flash 文件的矩形空间,用户可以在工作时放大或缩小以更改舞台中的视图。

(2)时间轴

时间轴用于组织和控制文档内容在一定时间内播放的图层数和帧数,如图 10.18 所示。与胶片一样,Flash 文件也将时长分为帧。图层就像堆叠在一起的多张幻灯胶片一样,每个图层都包含一个显示在舞台中的不同图像。时间轴的主要组件是图层、帧和播放头。

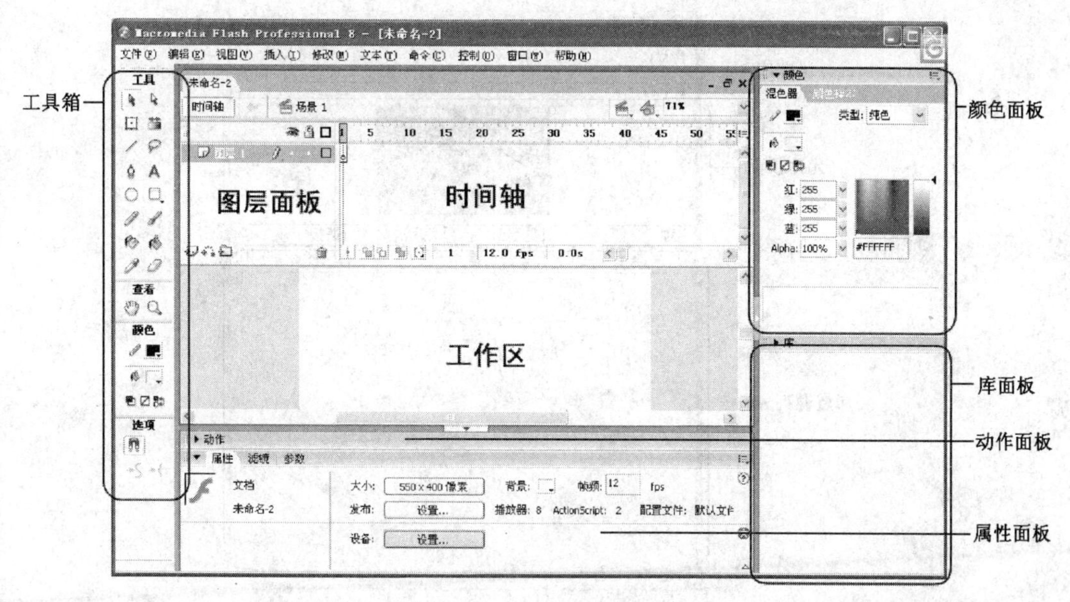

图 10.17　Flash 工作界面

文档中图层列在时间轴左侧的列中。每个图层中包含的帧显示在该图层名右侧一行中。播放头指示当前在舞台中显示的帧。播放 Flash 文件时，播放头从左向右通过时间轴。

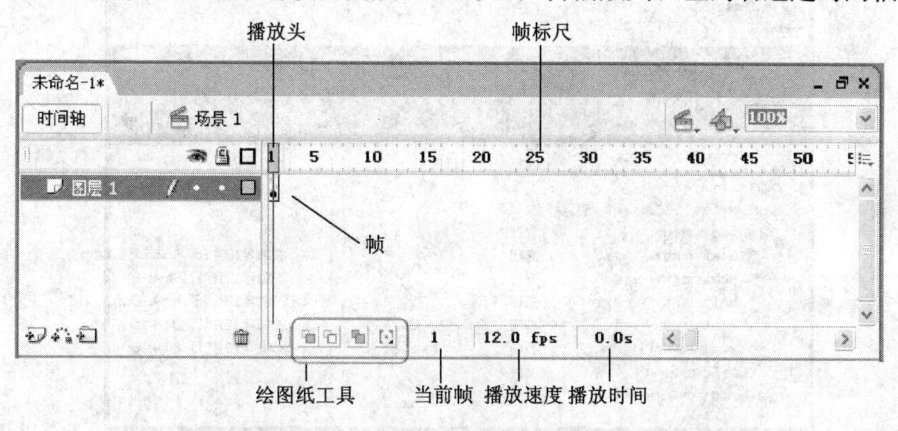

图 10.18　时间轴

时间轴状态显示在时间轴的底部，它指示所选的当前帧编号、播放速度以及到当前帧为止的播放时间。

(3)"库"面板

"库"面板是存储和组织在 Flash 中创建的各种元件的地方，它还用于存储和组织导入的文件，包括位图图形、声音文件和视频剪辑等。"库"面板使用户可以组织文件夹中的库项目，查看项目在文档中使用的频率，并按照类型对项目排序。在 Flash 8 中有两种库，一种库是用户自己建的库，如图 10.19 所示；另一种库是由 Flash 8 程序自带的公共库，如图 10.20 所示。

(4)"动作"面板

"动作"面板使用户可以创建和编辑对象或帧的 ActionScript 代码，如图 10.21 所示。选择帧、按钮或影片剪辑实例可以激活"动作"面板。取决于所选的内容，"动作"面板标题也会变

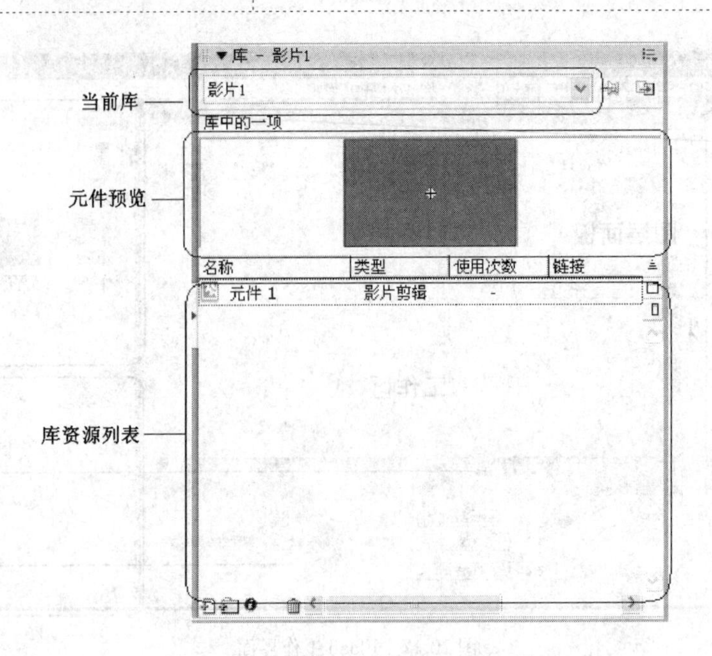

图 10.19　用户自己建的库

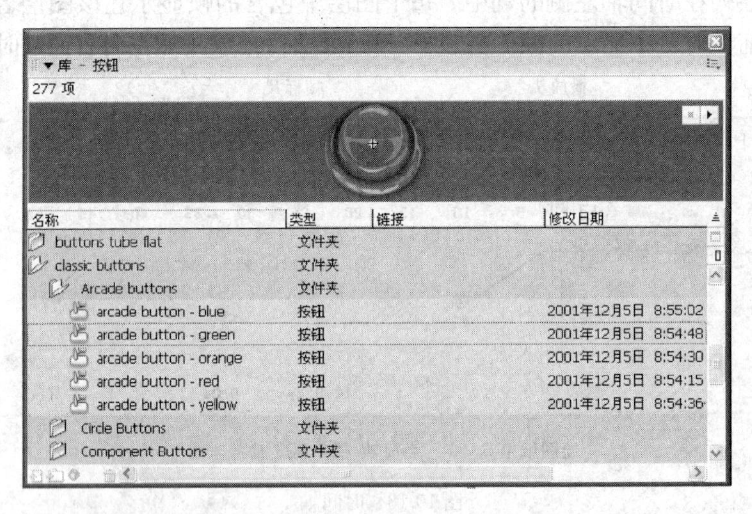

图 10.20　Flash 8 程序自带的公共库

为“按钮动作”、“影片剪辑动作”或者“帧动作”。

(5)工具箱

工具箱中放置了创建图像最常用的工具，使用这些工具能够绘制、选择、修改图像，如图 10.22 所示。

选择“编辑”→“自定义工具面板”菜单命令，打开“自定义工具栏”对话框，从中可以指定要在 Flash 创作环境中显示哪些工具，如图 10.23 所示。

4. Flash 的基本操作

(1)新建 Flash 文件

启动 Flash 后，在开始页中的“创建”下包括 Flash 文件、Flash 幻灯片演示文稿、Flash 表单应用程序、ActionScript 文件、ActionScript 通信文件、Flash JavaScript 文件和 Flash 项目 7

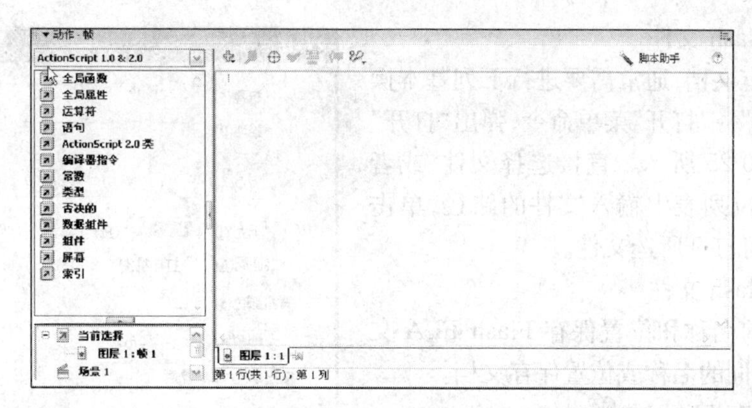

图 10.21 “动作”面板

个选项，在开始页中单击任何一个新项目都可以进入该项目的编辑窗口。选择“文件”→“新建”菜单命令可以创建 Flash 文件。

(2)设置文件属性

创建新 Flash 文档后需要调整影片的一些参数，如背景颜色、影片尺寸等。使用“修改”→“文档”命令，打开“文档属性”对话框进行设置，如图 10.24 所示。

(3)调整绘图区

绘图工作区也称为舞台，影片中的元素都在这里创建。调整好绘图工作区，并利用工作区的辅助工具能够加快设计开发效率。在 Flash 8 中，可以通过放大镜工具来调整绘图区的显示。而通过手形工具可以调整当前的显示位置。另外一些快捷键能够灵活切换不同的工作区布局。要查看整个绘图区（场景）或者绘图区中某个特定的区域，可以通过改变显示比例来实现。绘图区经过调整后可能无法看到场景中所有的元素，需要移动视图才能看到场景中的其他部分。此时可以使用工具箱中的手形工具把场景移进绘图窗口中显示。

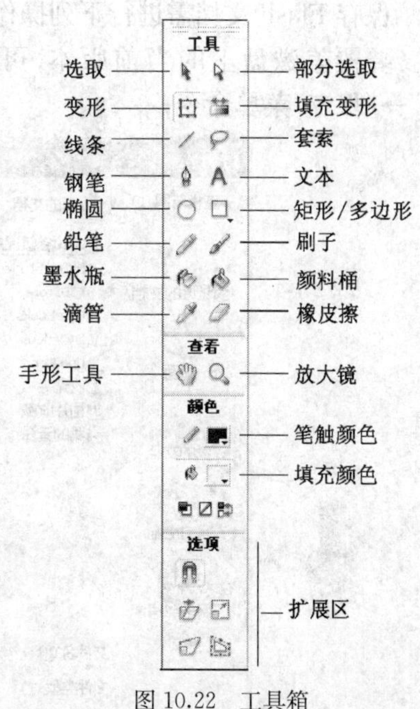

图 10.22　工具箱

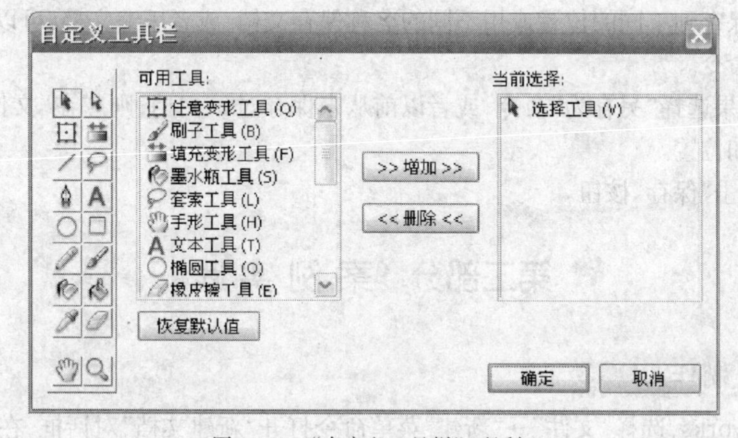

图 10.23 “自定义工具栏”对话框

(4)打开 Flash 文件

要打开现有文档,通常需要进行下列基本操作。选择"文件"→"打开"菜单命令,弹出"打开"对话框,如图 10.25 所示。直接选择文件,或者在"文件名"下拉列表中输入文件的路径,单击"打开"按钮即可打开所选文件。

图 10.24 "文档属性"对话框

(5)保存 Flash 文件

可以用当前名称和位置保存 Flash FLA 文档,也可以用不同的名称或位置保存文档。

第 1 步:保存 Flash 文档。

保存 Flash 文档需进行下列操作之一:

要覆盖磁盘上的当前版本,可以选择"文件"→"保存"菜单命令;

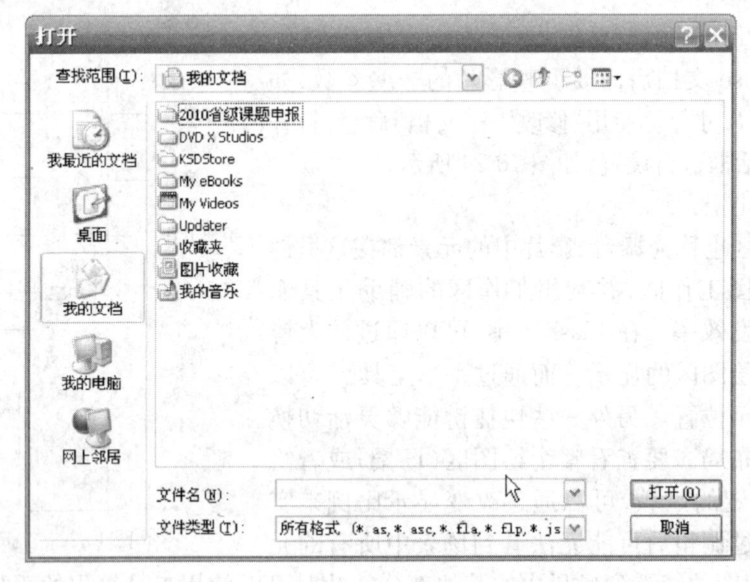

图 10.25 "打开"对话框

要将文档保存到不同的位置或用不同的名称保存文档,或者压缩文档,可以选择"文件"→"另存为"菜单命令。

第 2 步:如果选择"另存为"命令,或者以前从未保存过该文档,则应在"文件名"下拉列表中输入文件名和位置。

第 3 步:单击"保存"按钮。

第二部分 案例实践

实例一 制作 LOGO

启动 Fireworks,选择"文件"→"新建"菜单命令打开"新建文档"对话框,在对话框中设置画布大小和画布颜色,这里设置宽度为 88 像素、高度为 31 像素、画布颜色为白色,单击"确定"

按钮，如图 10.26 所示。

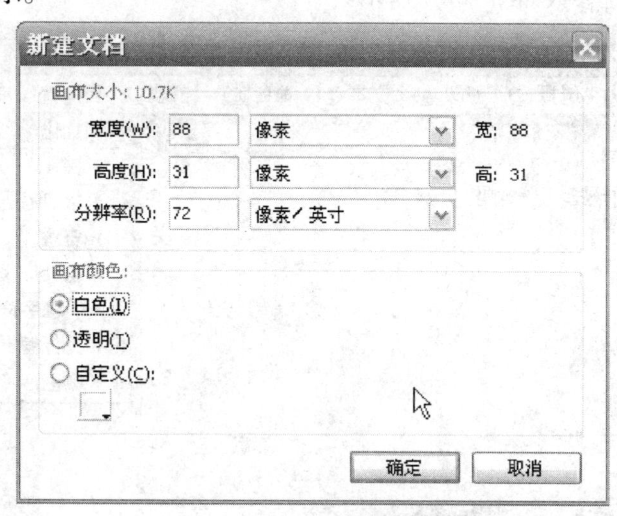

图 10.26 “新建文档”对话框

进入 Fireworks 工作界面后，单击“文件”→“导入”菜单命令打开“导入”对话框，选择一张图片作为背景，单击“打开”按钮，如图 10.27 所示。

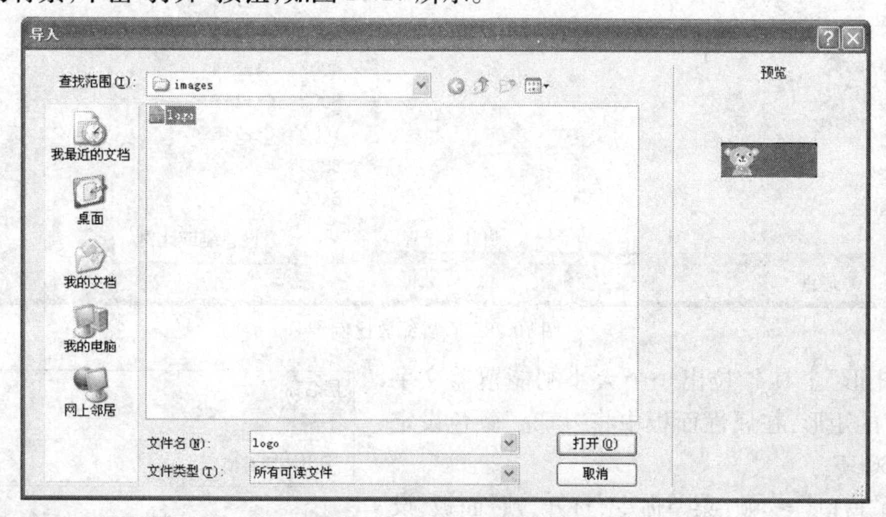

图 10.27 “导入”对话框

待文档窗口中的光标变成 形状，按住鼠标左键拖动形成一个矩形的虚线框，拖到适当的位置松开鼠标左键，图像就会根据指定区域的大小自动地改变原始尺寸填满整个区域。

单击文档窗口右下角的“设置缩放比例”按钮，可调整图像的显示比例，如图 10.28 所示。

在“层”面板中双击“层 1”，选中“共享交叠帧”复选框，目的是使“层 1”显示在所有帧中，如图 10.29 所示。

在“层”面板中单击“新建/重置层”按钮，创建“层 2”，然后选定“层 2”，单击工具箱中的“文本”工具按钮，将光标移至图片空白处输入网站名“卡通园”，字体为“宋体”12 号，接着在“属性”面板中依次单击“添加动态滤镜或选择预设”按钮→“阴影和光晕”→“发光”，如图

10.30 所示。然后设定参数如图 10.31 所示。

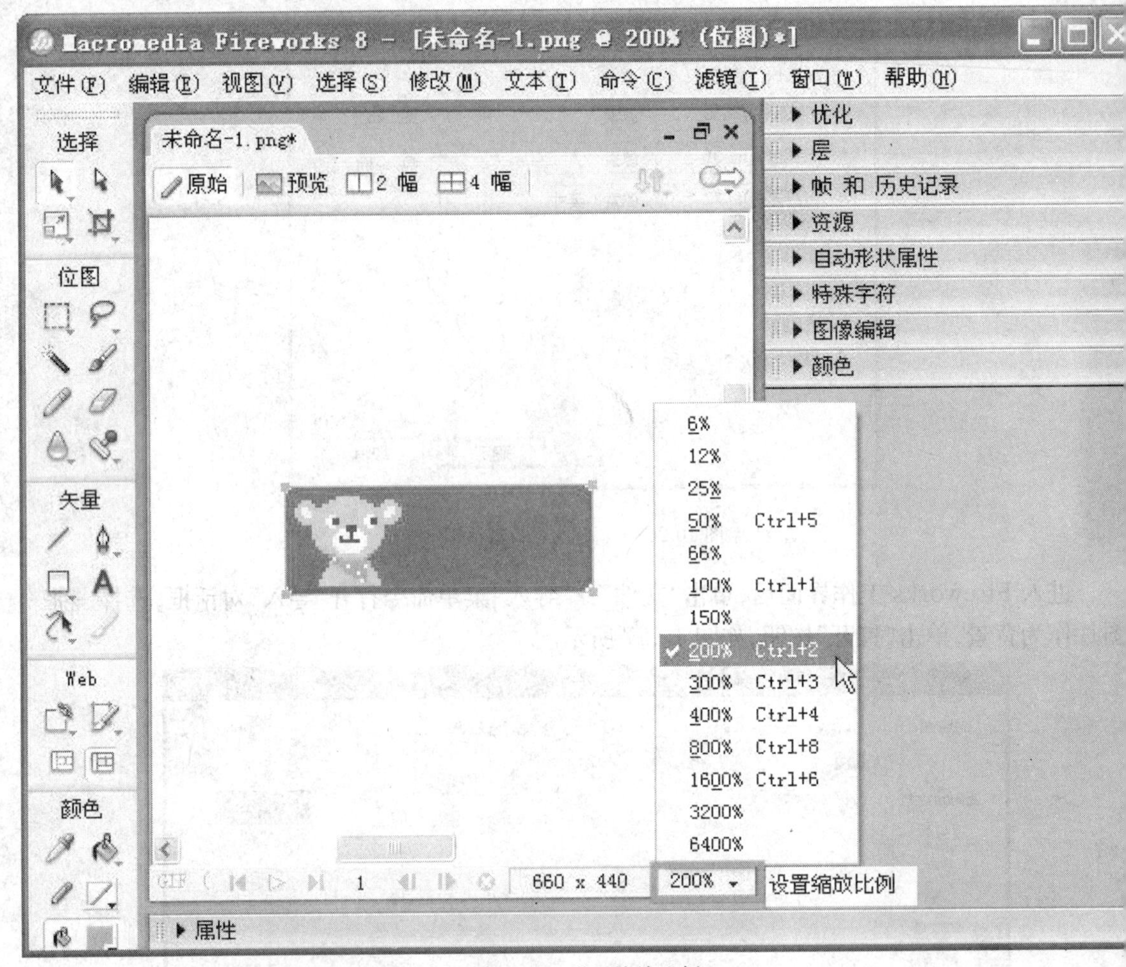

图 10.28 设置缩放比例

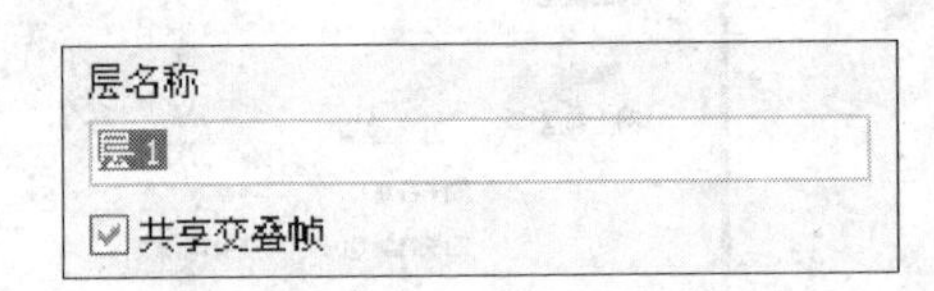

图 10.29 选定“共享交叠帧”复选框

用“矩形”工具拉出一个大小刚能覆盖文字“卡通园”的矩形，在属性面板中将“填充”颜色设定为：#0060BF。

选择“窗口”→“帧”菜单命令，打开“帧”面板，设定每帧时间为 0.07s(此值为每帧停留的时间)，如图 10.32 所示。

在“帧”面板中连续单击 5 次“新建/重置帧”按钮，新建 5 个帧(即帧 2、帧 3、帧 4、帧 5、帧 6)，如图 10.33 所示。

在“帧”面板中选择 “帧 1”，在其对应的“层”面板中复制“卡通园”和“矩形”(按住 Ctrl 键不放，依次单击“层 2”下的“矩形”和“卡通园”，同时将它们选中，再按 Ctrl + C 组合键复制)，如图 10.34 所示。

在“帧”面板中依次选择帧 2、帧 3、帧 4、帧 5、帧 6，将“矩形”和“卡通园”分别粘贴到各帧的层 2 中，将帧 2 “矩形”透明度设置为 80%，帧 3“矩形”透明度设置为 60%，帧 4“矩形”透明度设置为 40%，帧 5“矩形”透明度设置为 20%，帧 6“矩形”透明度设置为 0%(设透明度方法如图 10.35 所示，先选定“矩形”，然后在“属性”面板中设定)。

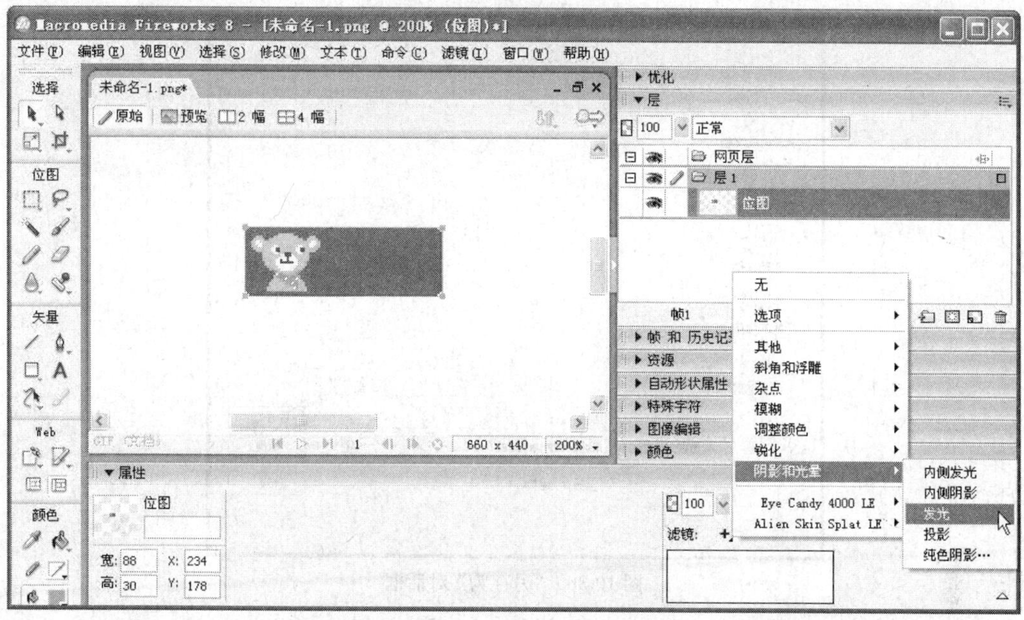

图 10.30　设置文字的发光效果

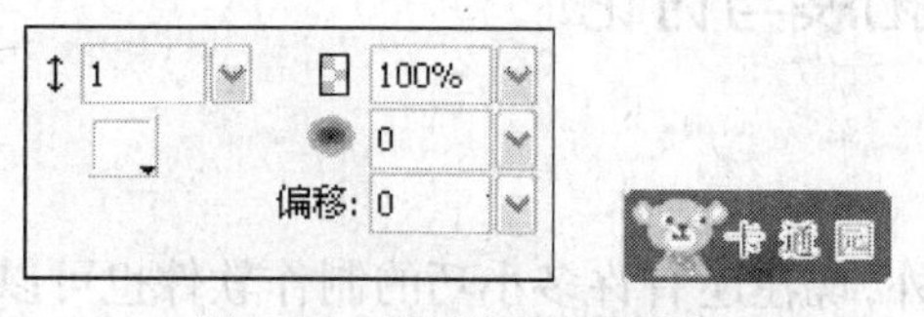

图 10.31　设置发光效果参数

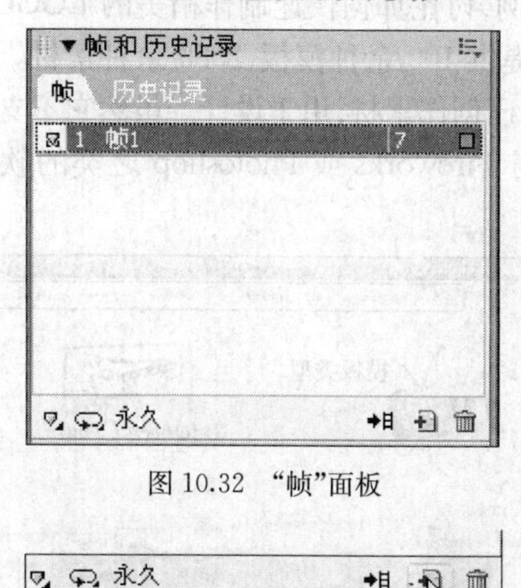

图 10.32　“帧”面板

图 10.33　“新建/重置帧”按钮

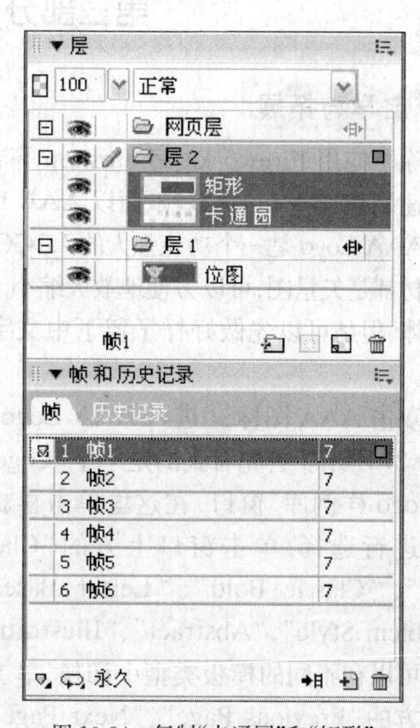

图 10.34　复制“卡通园”和“矩形”

单击“文件”→“另存为”菜单命令，在弹出的“另存为”对话框中设置文件存放的位置和文件名，将“另存为类型”设为“动画 GIF(＊.gif)”，如图 10.36 所示。至此，LOGO 制作完成。

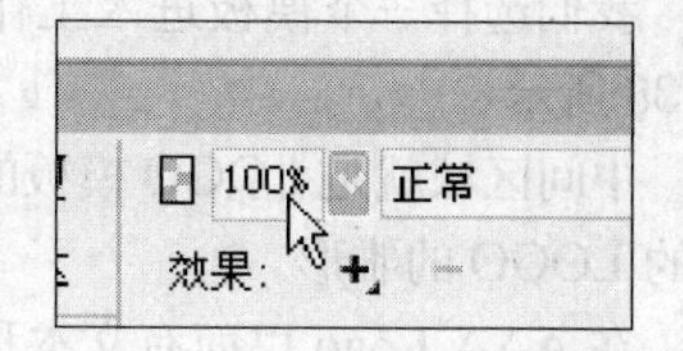

图 10.35　设置各帧的透明度

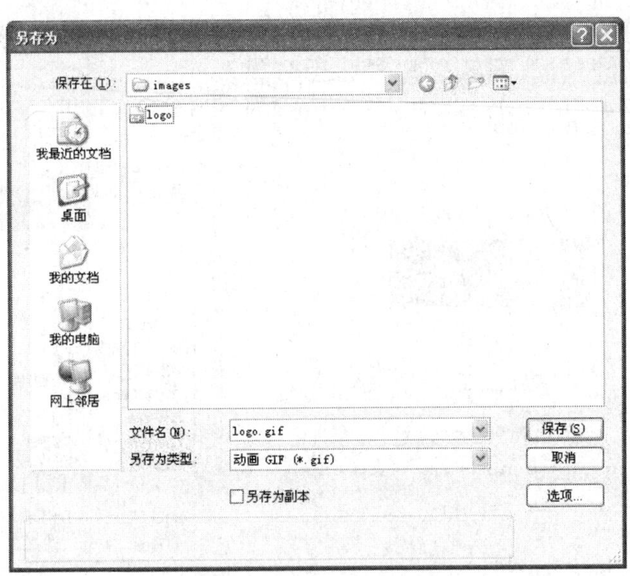

图 10.36 “另存为”对话框

第三部分 案例拓展与讨论

自学与拓展

除了使用 Fireworks、Photoshop 等专业软件外，现在还有许多小巧的制作软件也可以用来迅速制作一些 LOGO。下面以 AAA Logo 软件为例，讨论如何快速制作精美的 LOGO。

AAA Logo 是一个功能强大的 LOGO 设计软件，提供 100 余种模板，2080 余种素材。所有的素材都是矢量图，可以方便地放大缩小。你也可以自己创作素材，用于设计。虽然它不支持中文字体，但是可以先做好样子留下中文字体的空间用 Fireworks 或 Photoshop 之类的软件加上去。

双击 AAA 图标进入 AAA Logo，如图 10.37 所示。首先看到的是一个“Logo 模板/Logo 样例库”窗口，在这里单击喜欢的模板进行选择，单击窗口上方的“Classic Flair”、“Classic Bold”、“Letter Based”、“Emblem Style”、“Abstract”、“Illustrative”按钮可以在不同的模板类型中切换，单击窗口下方的“Previous Page”、“Next Page”按钮可以在模板中翻页。

图 10.37 “Logo 模板/Logo 样例库”窗口

我们选择一个模板进入工作界面，如图 10.38 所示。

中间区域就是 LOGO 模板的制作区域，我们的操作将会在这里进行，同时这也是制作出来的 LOGO 的雏形。

在 AAA Logo 里面有文本和图像两种对象。对于文本，在窗口的左下角有个输入框可以直接输入。当我们选中文本对象后，在窗口的上方有几个便捷按钮，它们分别是“Text…”（文本)、"Effects…"（效果）、"Gradient…"（渐变）、"Transform…"（变形）、"Colors…"（色彩），如图 10.39 所示。

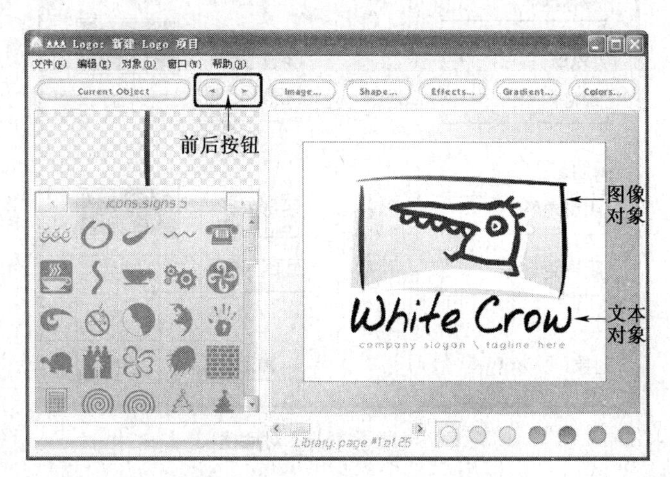

图 10.38　AAA Logo 工作界面

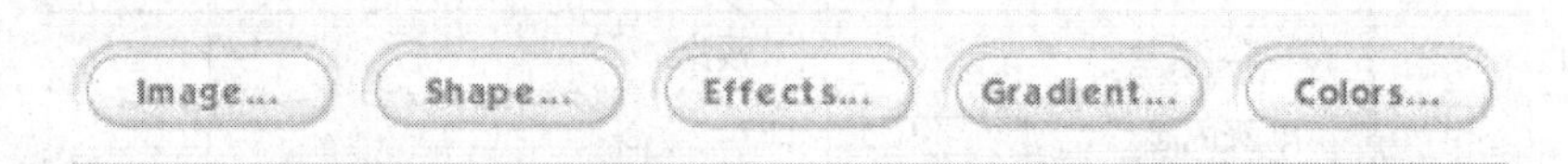

图 10.39　AAA Logo 便捷按钮

下面分别介绍这些便捷按钮。首先是"Text…"，单击打开"文字选项"文本框，如图 10.40 所示。

在此我们可以改变文本的内容，比如在文本行中输入：Cartoon，当然也可以改变字体，字体的大小、字符间距和高宽比例。改变参数后，操作区域会马上显示出效果，最后单击"确定"按钮完成文本的操作，效果如图 10.41 所示。

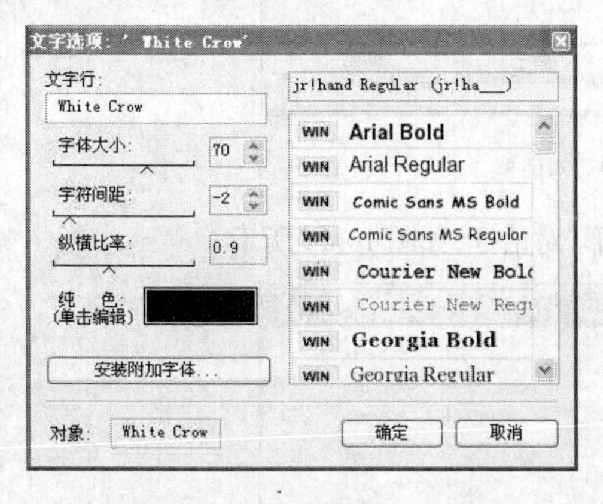

图 10.40　"文字选项"文本框

图 10.41　LOGO 字体效果

接下来设置"效果"，单击"Effects…"选项，打开"效果"对话框，主要有"轮廓"和"阴影"两个选项，用户可以根据自己的喜好来更改，如图 10.42 所示。

"渐变"选项主要是用来调整渐变色的起点和终点及其透明比例，单击"Gradient…"选项，打开"渐变"对话框，如图 10.43 所示。

"变形"选项的主要作用是对文本进行变形和扭曲，通常是两个一起使用，达到一种弯曲和

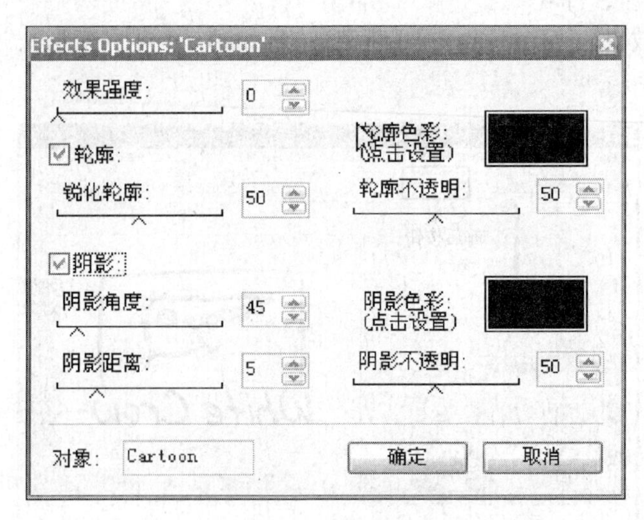

图 10.42 “效果”对话框

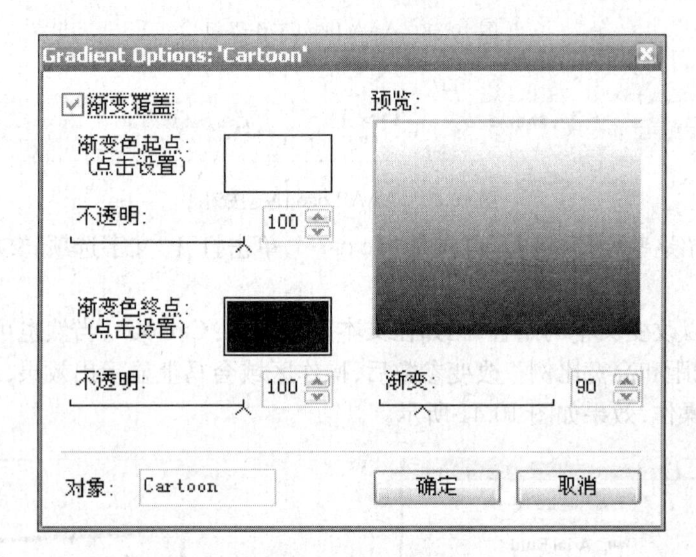

图 10.43 “渐变”对话框

旋转的目的。单击“Transform…”选项,打开“变形”对话框,如图 10.44 所示。

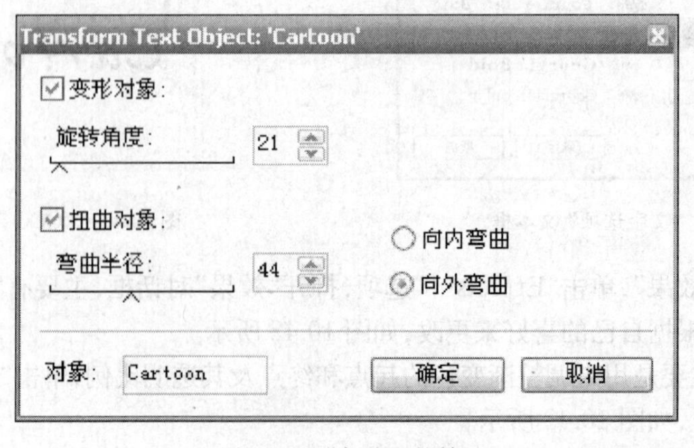

图 10.44 “变形”对话框

“颜色”选项的主要作用是对文本的渐变色、边线颜色、阴影色彩、背景色彩等进行设置，单击“Color…”选项，打开“颜色”对话框，如图 10.45 所示。

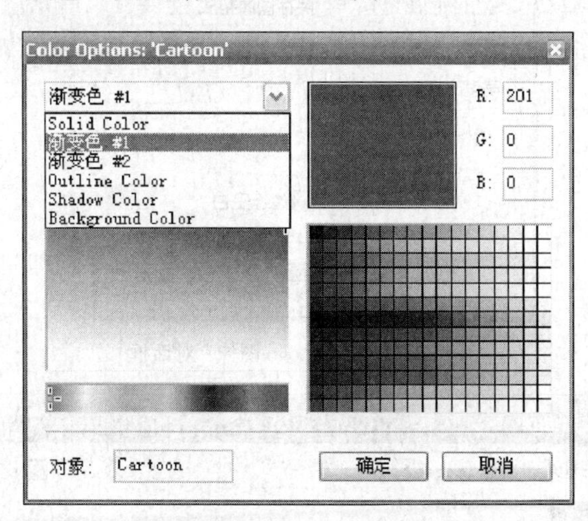

图 10.45　“颜色”对话框

经过这番努力，我们的文本改变基本成功，另外还可以在 LOGO 中添加各种图案，如图 10.46 所示。

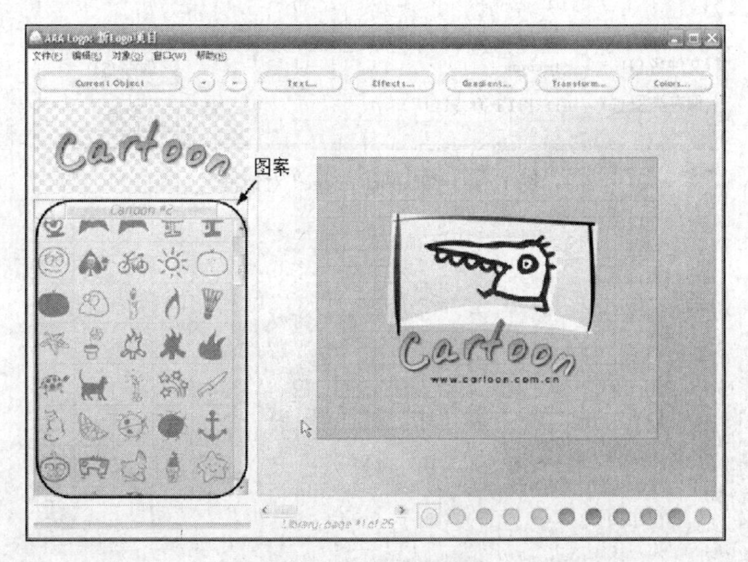

图 10.46　“图案”选项

各项设置完成后，单击“文件”→“保存 Logo 图像”菜单命令，弹出“输出 Logo 图像”对话框，在对话框中可设置“保存图像格式”、“输出比例”等参数，如图 10.47 所示。

单击“继续”按钮，弹出“Export Image”对话框，设置保存 LOGO 图像的路径和文件名即可，如图 10.48 所示。

至此，LOGO 图像的制作完成了。

学习讨论题

仿照自学实例制作一个班级 LOGO 图像。

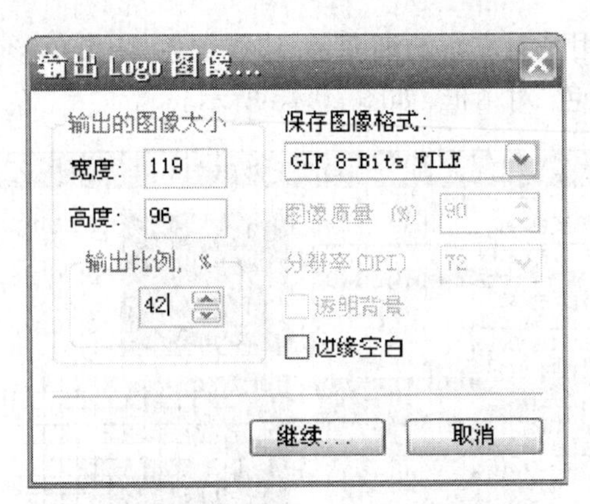

图 10.47 “输出 Logo 图像”对话框

图 10.48 “Export Image”对话框

案例十一　制作动态网页（数据库）

案例情境

本实例将指导学生制作留言板。通过留言板,可填写和收集个人爱好信息。通过本实例学生可以学习动态站点的创建、数据库连接及留言板页面的设计。效果如图 11.1 所示。

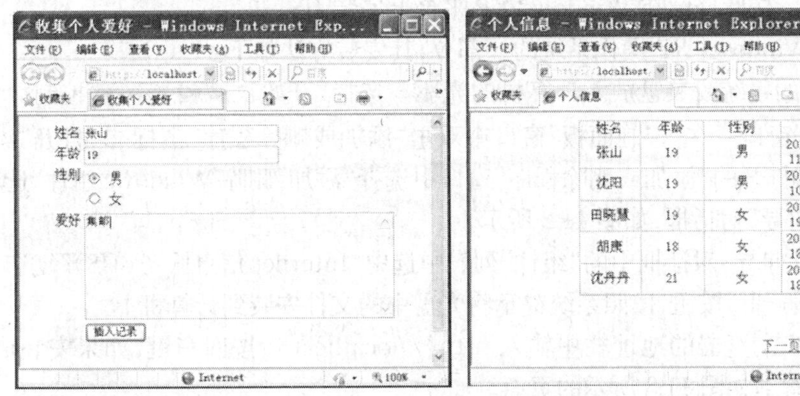

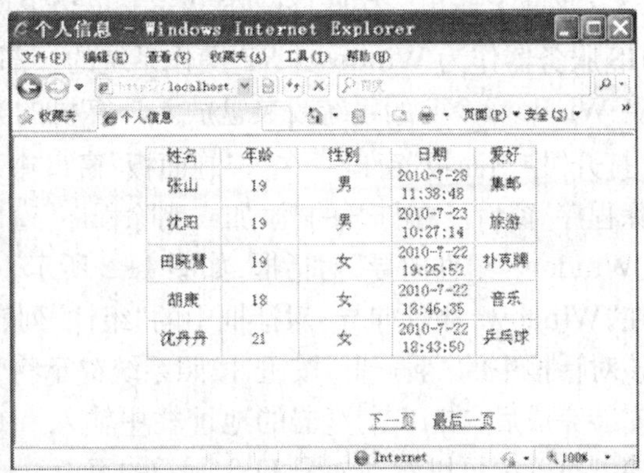

图 11.1　效果图

第一部分　知识准备

在网站中有些网页需要及时更新,而有些网页需要与访问者进行交互,这就需要制作动态网页。所谓动态网页就是将浏览者的请求与后台数据库连接,网站将浏览者所关心的内容展示给对方,将与之无关的数据过滤掉。将数据库技术嵌入到网页设计中,可以在网页中实现表单的处理、新闻发布、论坛、留言板、会员管理等功能。

动态网页与静态网页的主要区别在于 Web 服务器对它们的处理方式不同,静态网页不包含任何服务器端脚本,而动态网页中则包括一些应用程序,这些程序可以使浏览器与网络服务器之间发生交互,而且应用程序的执行有时需要应用程序服务器才能够完成。

ASP 是目前比较流行的 Web 应用开发技术之一,用于构建 Windows 服务器平台上的 Web 应用程序。使用 ASP 制作的页面就是动态网页。ASP 动态网页可以包含服务器端脚本,而且可以使用一些内置对象来增强脚本的功能。

要创建 ASP 动态网页,首先应该准备好它的运行环境。在 Windows 服务器平台上创建 ASP 动态网页之前,必须在计算机上安装服务器软件。动态网页的关键在于数据库,与静态网页不同的是,动态网页对于不同的客户端要求可以显示不同的内容。数据库使得动态网页有了生动的变化,所以数据库的建立和连接对于动态网页的制作是非常重要的。

知识点一 安装与设置 Web 服务器

当今服务器程序有很多,其中最为流行的有 Apache、Tomcat 及 IIS 等。其中,前两种都是跨平台的,而 IIS 则是 Windows 操作系统独有的。这些服务器程序都提供了大量的网络应用程序处理功能,开发者可根据所用开发环境和编程语言来决定采用何种服务器程序,而开发 ASP 程序则应使用微软的 IIS。

1. 安装 IIS 服务器

要创建 ASP 动态网页,首先应该准备好它的运行环境。在 Windows 服务器平台上创建 ASP 动态网页之前,必须在计算机上安装服务器软件。支持 ASP 的服务器软件常用的有 PWS 和 IIS 两种,PWS 服务器主要在 Windows 95/98 平台上使用,而 IIS 服务器则在 Windows XP 平台上使用。在此介绍在 Windows XP 平台上安装 IIS。

IIS 服务器作为 Windows XP 操作系统的一部分,其安装方法如下。

将 Windows XP 的系统安装盘放入计算机的光驱。选择"开始"→"设置"→"控制面板"命令,打开"控制面板"窗口。在"控制面板"窗口中双击"添加或删除程序"图标,打开"添加或删除程序"窗口。在打开的"添加或删除程序"窗口中选择"添加/删除 Windows 组件"选项,打开"Windows 组件向导"对话框,如图 11.2 所示。

在"Windows 组件向导"对话框中的"组件"列表中选中"Internet 信息服务(IIS)"复选框。单击该对话框中的"下一步"按钮,按照系统提示将光盘中的文件安装到计算机上。

安装完成后,在 IE 浏览器的地址栏中输入 http://localhost 后按回车键,如果安装成功则在该浏览器中可以看到如图 11.3 所示的页面。

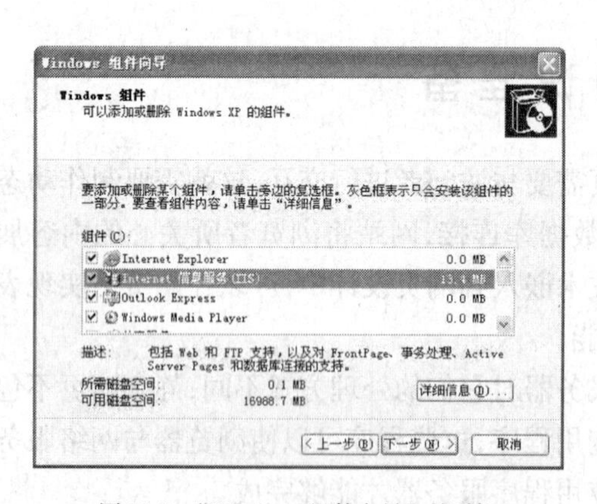

图 11.2 "Windows 组件向导"对话框

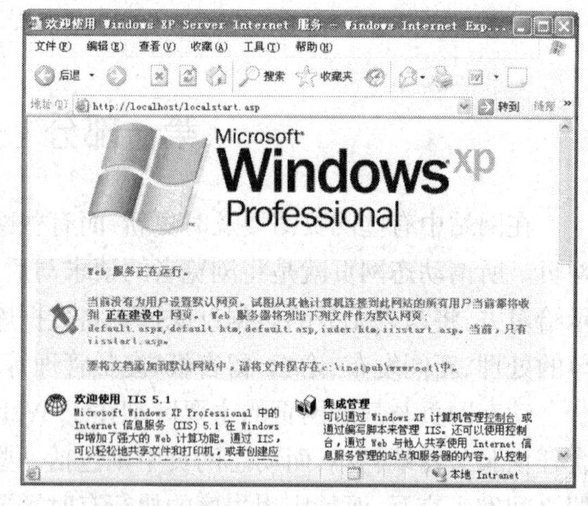

图 11.3 测试 IIS

2. 设置 IIS 服务器

安装 IIS 服务器成功后,默认情况下在 C 盘中会出现一个名称为"Inetpub"的文件夹,它就是 IIS 服务器根目录下的文件夹,要求 ASP 文件都要保存在该文件夹中。

如果要更改 IIS 服务器根目录下文件夹的位置,则可以通过创建虚拟目录的方法来实现,在此以在"我的文档"中创建虚拟目录为例,介绍其创建方法。

在 Windows 桌面双击"我的文档"图标,打开"我的文档"窗口。在打开的"我的文档"窗口中创建一个名为"aspweb"的文件夹。右键单击该文件夹,在弹出的快捷菜单中选择"共享和安全(H)…”命令,则弹出“aspweb 属性”对话框。在该对话框中选择“Web 共享”选项卡,如图 11.4 所示。

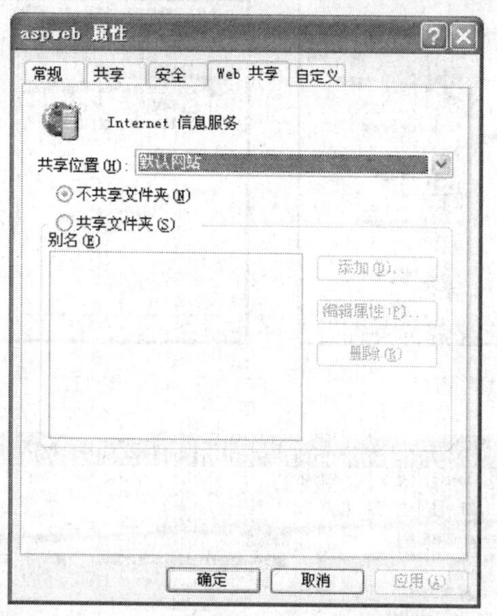

图 11.4　“aspweb 属性” 对话框

选中该选项卡中的“共享文件夹(S)”单选按钮,在弹出的“编辑别名”对话框中为创建的虚拟目录设置一个别名,在这里仍然使用“aspweb”,选中“读取”和“目录浏览”复选框,选中“脚本”单选按钮,如图 11.5 所示。

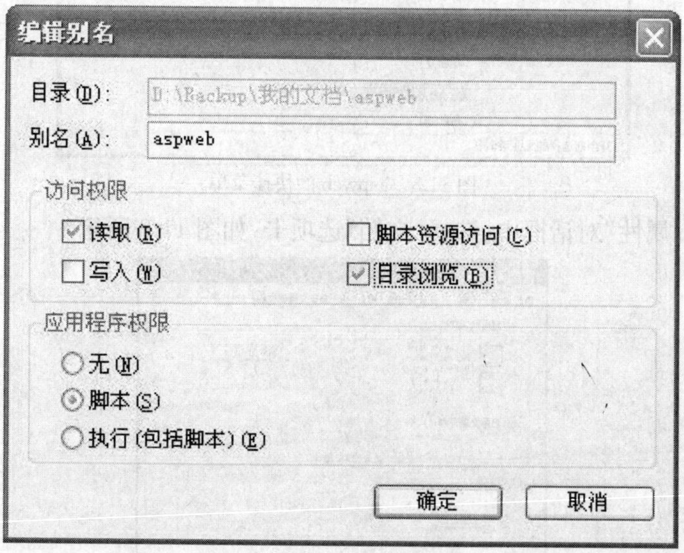

图 11.5　“编辑别名” 对话框

在打开的“控制面板”窗口中双击“管理工具”图标,可打开“管理工具”窗口,如图 11.6 所示。

在打开的“管理工具”窗口中双击“Internet 信息服务”图标,打开“管理工具”窗口,如图 11.7 所示。

单击“Internet 信息服务”窗口左侧的“网站”图标,在展开的列表中单击“默认网站”图标,在展开的列表可以看到“aspweb”图标,它就是我们所创建的虚拟目录。在“aspweb”图标上单击鼠标右键,在弹出的快捷菜单中选择“属性”命令,如图 11.8 所示。

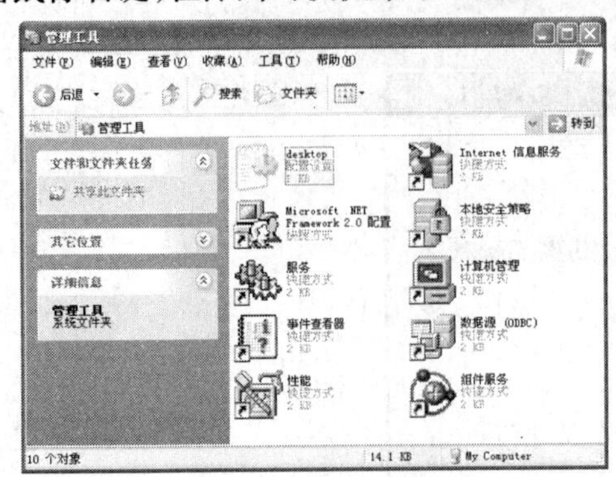

图 11.6 “管理工具”窗口

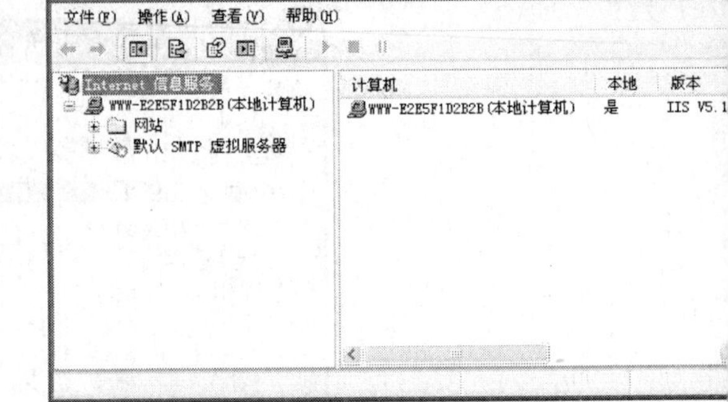

图 11.7 “Internet 信息服务”窗口

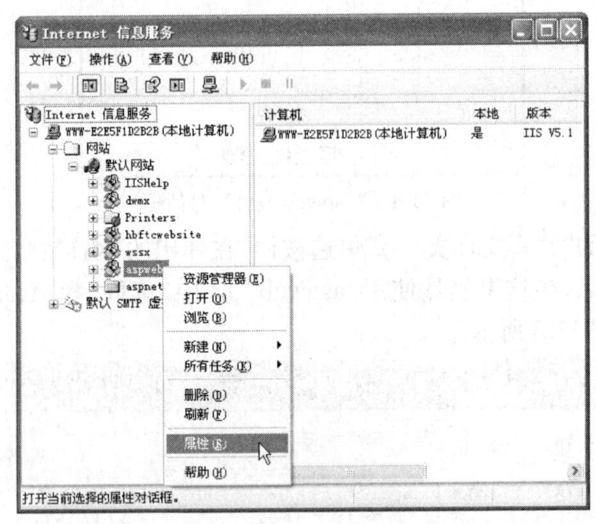

图 11.8 aspweb 的快捷菜单

在弹出的“aspweb 属性”对话框中,选择“文档”选项卡,如图 11.9 所示。

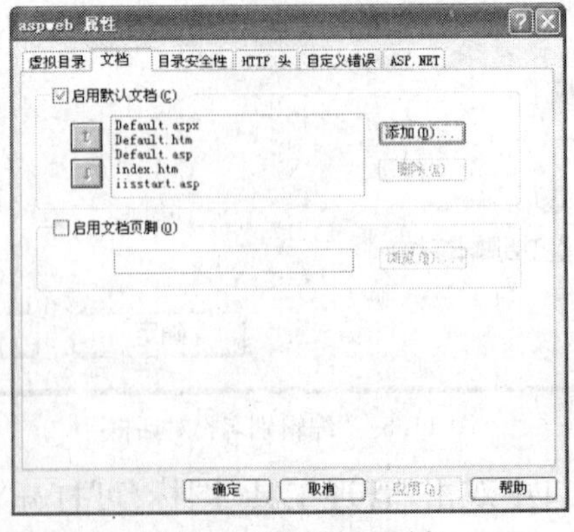

图 11.9 “文档”选项卡

在“文档”选项卡中单击“添加”按钮,在弹出的“添加默认文档”对话框中输入 index. asp, 如图 11.10 所示。因为 ASP 动态网页的首页默认形式为“index. asp”,所以要将 IIS 默认的首页形式设置为 index. asp。

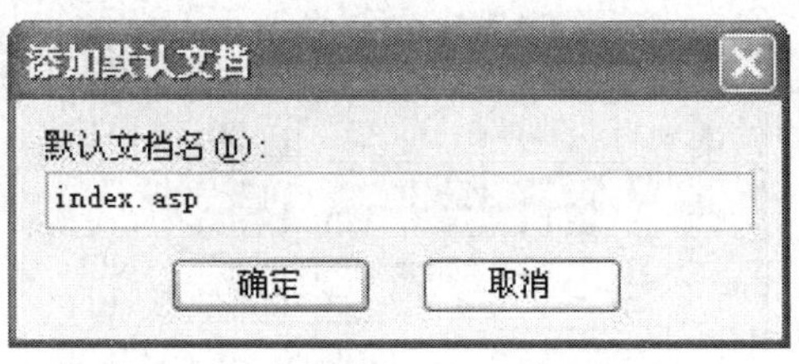

图 11.10　“添加默认文档”对话框

单击“确定”按钮,则输入的 index. asp 被添加到列表中。选中添加到列表中的“index. asp”选项,单击按钮,将其放置在列表的最上层,如图 11.11 所示。

图 11.11　“aspweb 属性”对话框

单击“确定”按钮,将需要测试的 ASP 动态网页站点复制到创建的虚拟目录“aspweb”文件夹中。在 IE 浏览器的地址栏中输入形式为“http://localhost/目录(aspweb)/…/访问的文件名”的地址,按回车键来访问该网页。提示:除了可以使用“http://localhost/目录(aspweb)/…/访问的文件名”形式外,还可以使用“http:/127.0.0.1/目录(aspweb)/…/访问的文件名”来访问该网页。

知识点二　数据库的创建

对于需要数据库生成的网页,离不开数据库的支持。数据库的类型有很多,如 Oracle、SQL Server 和 Access 等,本知识点将使用 Office 2003 中的一个数据库软件 Microsoft Access 来创建 Access 数据库。Microsoft Access 2003 是一种简单易用的小型数据库设计系统,比较适用于小型网站,利用其能够创建具有专业特色的数据库。其创建方法如下。

(1)选择“开始”→“程序”→“Microsoft Access”命令,启动 Microsoft Access 软件。

(2)在打开的“Microsoft Access”对话框中选中 ◉ 空 Access 数据库(B) 单选按钮,如图 11.12 所示。

(3)单击该对话框中的“确定”按钮,在弹出的“文件新建数据库”对话框中将该新建的数据库命名为“guestbook”,并将其保存在文件夹 guestbook 中,则自动弹出“guestbook:数据库”窗口,如图 11.13 所示。

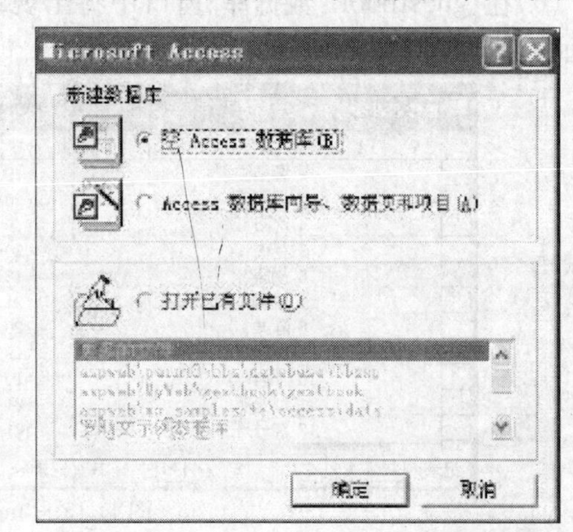

图 11.12　“Microsoft Access”对话框

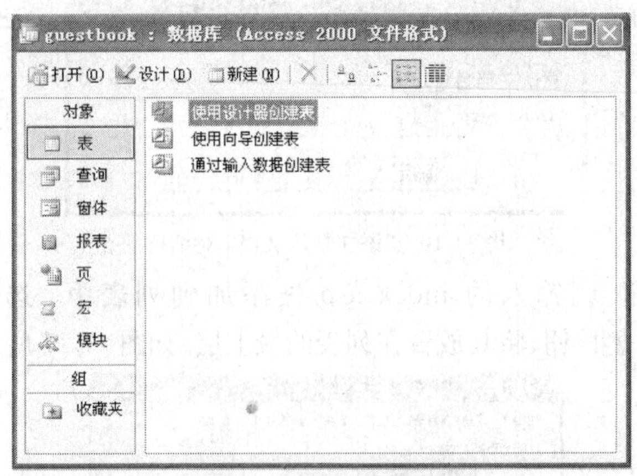

图 11.13 “guestbook:数据库”窗口

(4)在上述窗口中双击“使用设计器创建表”图标,在弹出的窗口中输入字段名称和数据类型,将光标置于 date 字段中,在该窗口下方的默认值中输入 Now(),如图 11.14 所示。

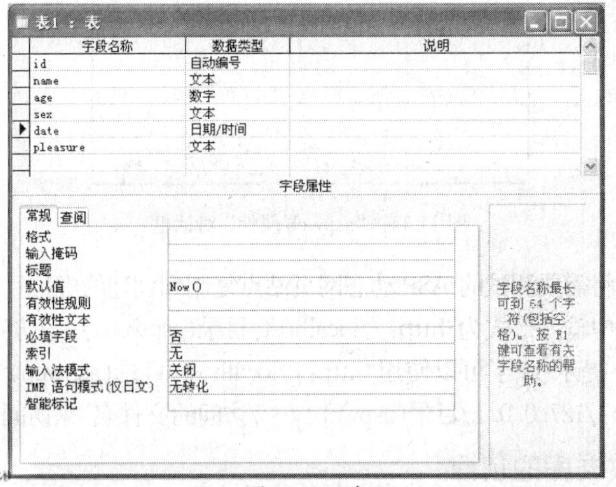

图 11.14 表

(5)输入完成后,关闭窗口,在弹出的提示框中单击“是”按钮将该表命名为“message”,在弹出的定义主键提示框中单击“是”按钮,使用系统默认的主键编号。

(6)在“guestbook:数据库”窗口中将出现 message 图标,双击该图标,在打开的窗口中添加数据,如图 11.15 所示。

message : 表

id	name	age	sex	date	pleasure
2	鄢圣俊	19	男	2010-7-22 8:26:24	围棋
3	夏黎明	20	男	2010-7-22 9:27:20	象棋
4	沈阳	19	男	2010-7-23 10:27:14	旅游
5	杨俊	20	男	2010-7-22 18:26:28	读书
6	胡康	18	女	2010-7-22 18:46:35	音乐
7	成涛	21	男	2010-7-22 18:21:47	绘画
8	陈诚	20	男	2010-7-22 18:43:25	乐器
9	田晓慧	19	女	2010-7-22 19:25:52	扑克牌
10	刘西洋	19	男	2010-7-22 18:31:12	足球
11	邱亚萍	21	女	2010-7-22 18:24:34	篮球
12	沈丹丹	21	女	2010-7-22 18:43:50	乒乓球

记录: 12 共有记录数: 12

图 11.15 “message:表”窗口

(7)选择“文件”→“保存”命令,将其保存,这里设置保持路径为 e:\guestbook,关闭所有窗口,退出 Microsoft Access。

知识点三　数据库的连接

安装设置好服务器并创建好数据库之后,则需要连接数据库。要对网页使用数据库就必须将数据库连接起来,在这里以对知识点二创建的 Access 数据库 message 创建 ODBC 连接为例来介绍数据库的连接,其连接方法如下。

(1)选择"开始"→"设置"→"控制面板"命令,打开"控制面板"窗口。

(2)在"控制面板"窗口中双击"管理工具"图标,在打开的"管理工具"窗口中双击"数据源(ODBC)"图标。

(3)在弹出的"ODBC 数据源管理器"对话框中选择"系统 DSN"选项卡,如图 11.16 所示。

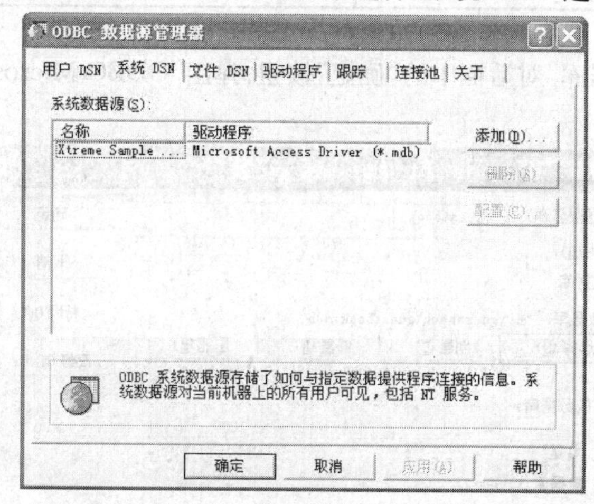

图 11.16　ODBC 数据源管理器

(4)单击对话框中的"添加"按钮,在弹出的对话框中选择"Microsoft Access Driver(*. mdb)"选项,如图 11.17 所示。

图 11.17　"创建新数据源"对话框

(5)单击该对话框中的"完成"按钮,在弹出的"ODBC Microsoft Access 安装"对话框中的"数据源名"文本框中输入新的数据源名称"guestbook",单击"选择"按钮,在弹出的"选择数据库"中选择连接的 Access 数据库文件"guestbook",如图 11.18 所示。

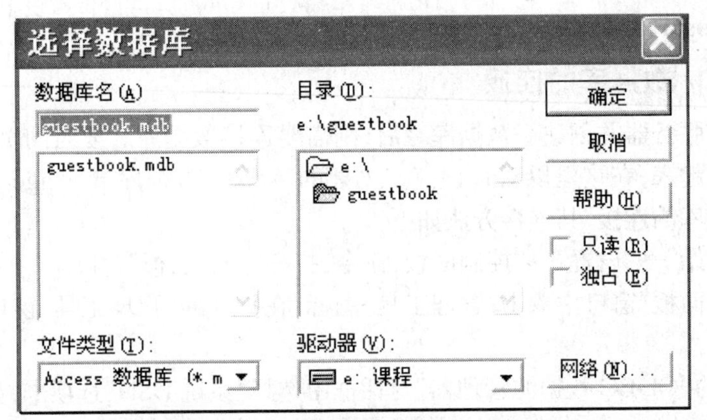

图 11.18 “选择数据库”对话框

(6)单击“选择数据库”对话框中的“确定”按钮,弹出“ODBC Microsoft Access 安装”对话框如图 11.19 所示。

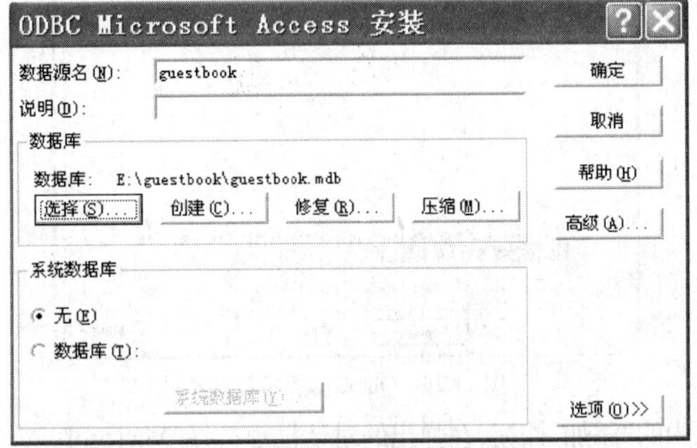

图 11.19 “ODBC Microsoft Access 安装”对话框

(7)单击对话框中的“确定”按钮,则所添加的数据源出现在“ODBC 数据库管理器”对话框中的列表中,单击“确定”按钮即可,如图 11.20 所示。

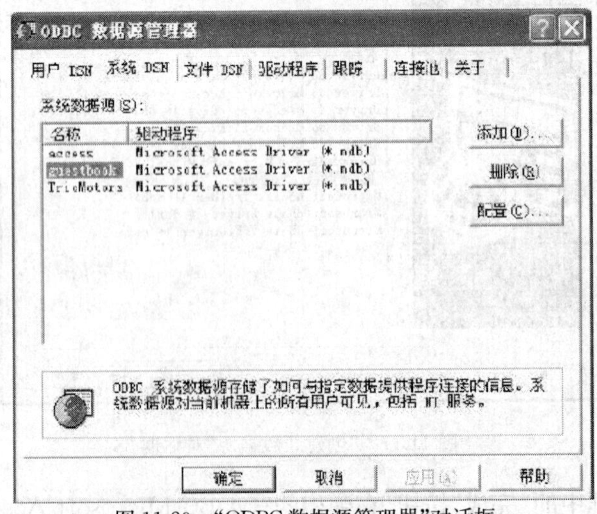

图 11.20 “ODBC 数据源管理器”对话框

第二部分　案例实践

实例一　收集个人爱好的留言板的创建

(1)启动 IIS,右击“默认网站”,在快捷菜单中选择“新建”→“虚拟目录”,如图 11.21 所示。

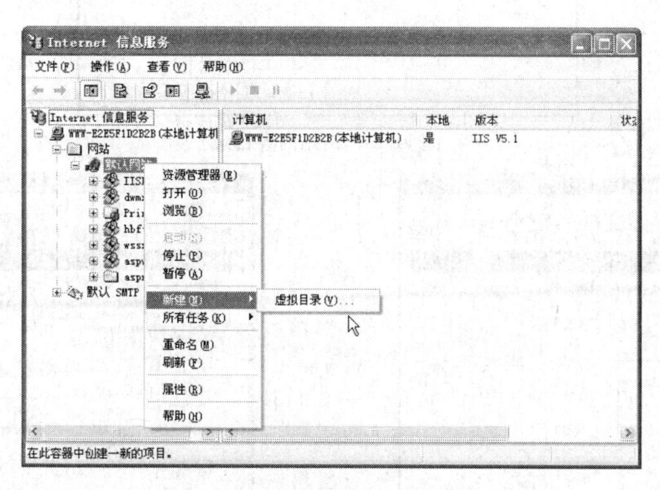

图 11.21　设置虚拟目录

(2)在弹出的向导对话框中设置虚拟目录别名为:guestbook,网站内容目录设为:e:\guestbook,如图 11.22 和图 11.23 所示。

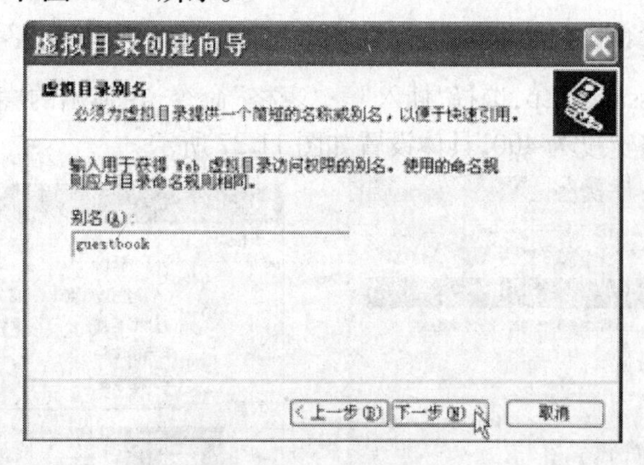

图 11.22　虚拟目录别名

(3)打开 Dreamweaver,创建动态站点 guestbook。注意:在站点定义向导的第 2 部分中选择一种服务器技术,如图 11.24 所示;第 3 部分设置文件存储位置为 e:\guestbook,如图11.25 所示。

在“您应该使用什么 URL 来浏览站点的根目录?”文本框中输入“http://localhost/guestbook/”,并单击“测试 URL”按钮,如设置正确,会弹出“URL 前缀测试已成功”提示框,如图 11.26 所示。

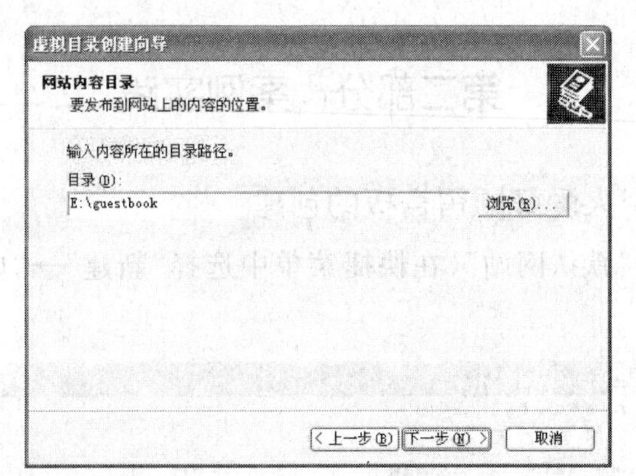

图 11.23　网站内容目录

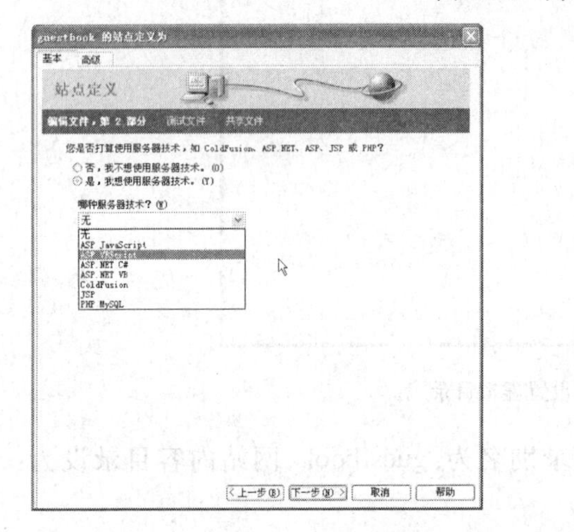

图 11.24　选择服务器技术

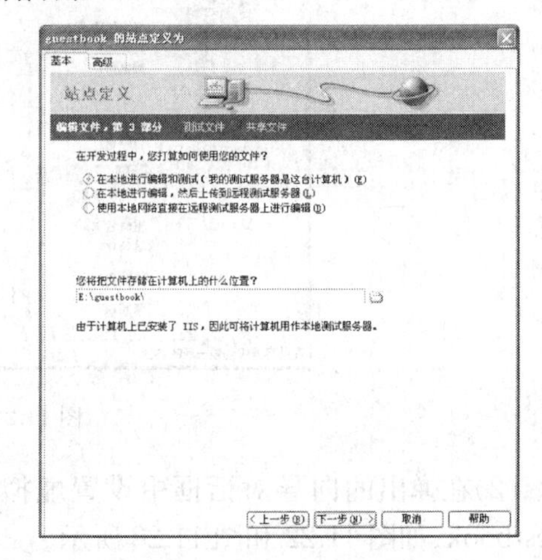

图 11.25　文件存储位置

(4)新建文件 message. asp,选择“插入”→“表格”命令,在弹出的“表格”对话框中设置行数为 2,列数为 5,表格宽度为 400,具体设置如图 11.27 所示。

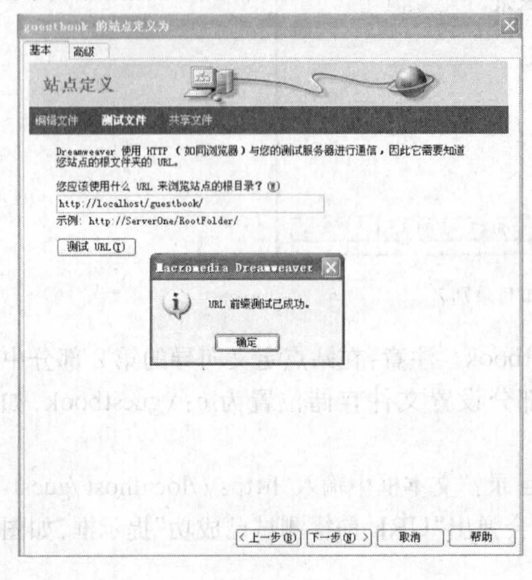

图 11.26　测试文件

图 11.27　“表格”对话框

(5)选中插入的表格,设置其对齐方式为居中对齐,在该表第 1 行中输入如图 11.28 所示的文字,并设置单元格对齐方式为居中对齐。

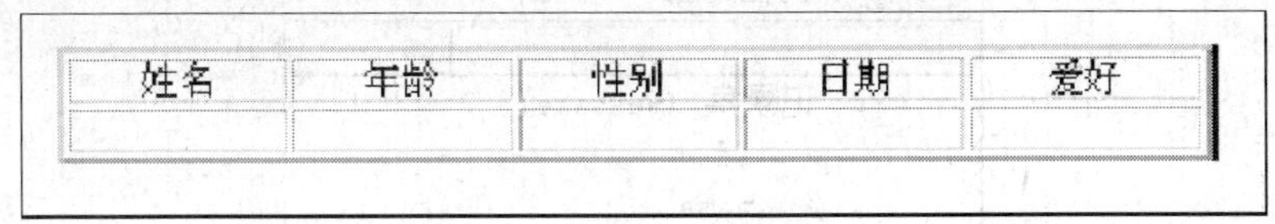

图 11.28　插入表格并输入文字

(6)选择"窗口"→"数据库"命令,在打开的"数据库"面板,单击+按钮,选择"数据源名称(DSN)",如图 11.29 所示。

(7)在弹出的"数据源名称(DSN)"对话框中设置"连接名称"为 CONN,如图 11.30 所示。

图 11.29　"数据库"面板

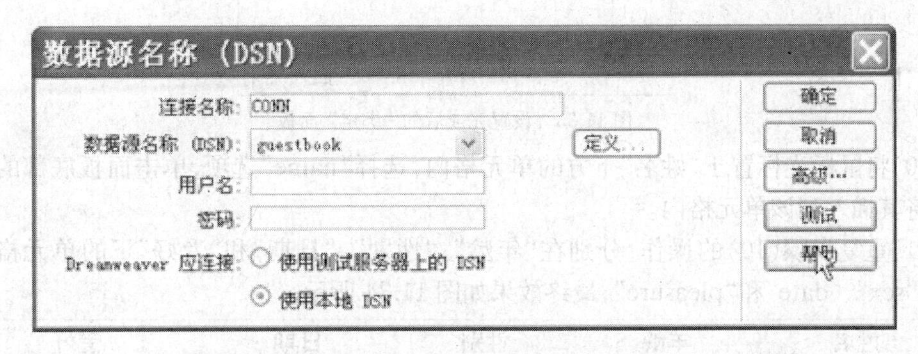

图 11.30　数据源名称

(8)选择"窗口"→"绑定"命令,在打开的"绑定"面板中单击+按钮,选择"记录集(查询)",如图 11.31 所示。

(9)在"记录集"对话框中设置名称、连接、表格、排序等,如图 11.32 所示。设置完成后的"绑定"面板如图 11.33 所示。

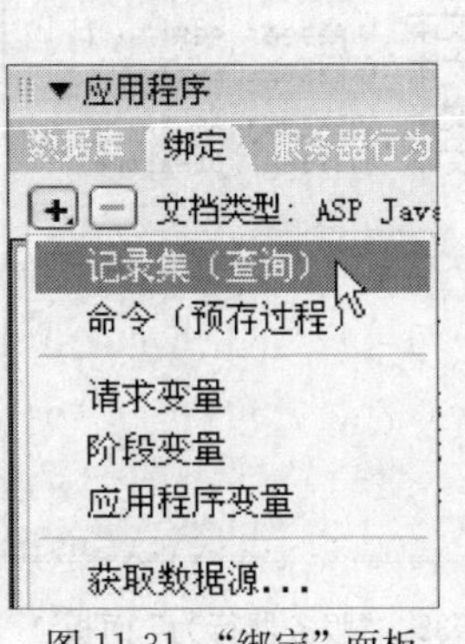

图 11.31　"绑定"面板

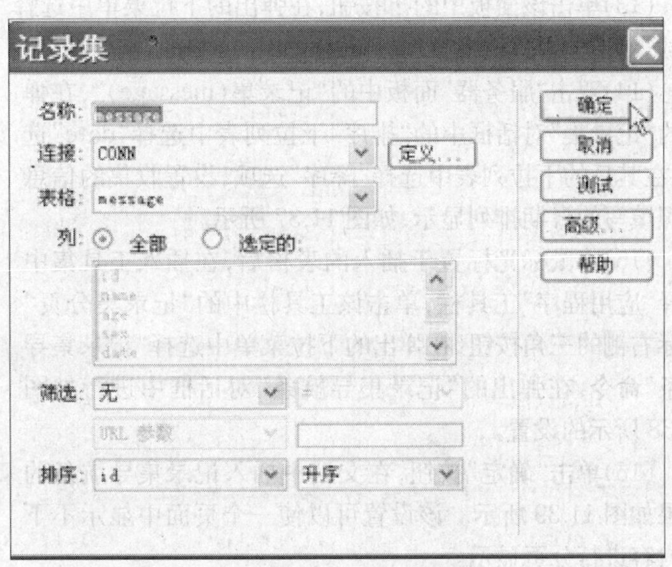

图 11.32　"记录集"对话框

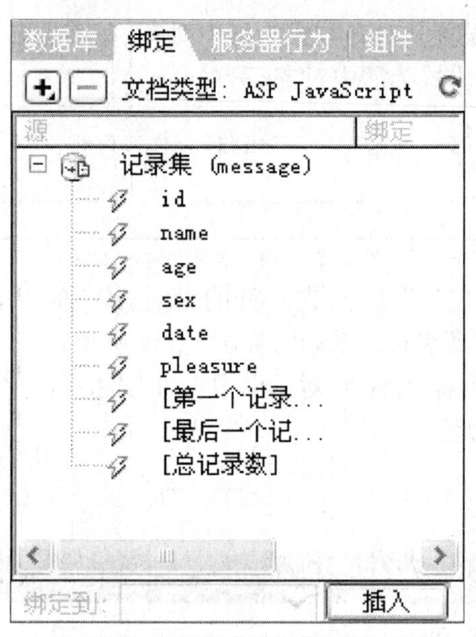

图 11.33 设置完成后的“绑定”面板

(10)将鼠标光标置于“姓名”下方的单元格内,选择“name”选项,单击面板底部的“插入”按钮,将其插入到该单元格内。

(11)重复步骤(10)的操作,分别在“年龄”、“性别”、“日期”和“爱好”下的单元格内插入“age”、“sex”、“date”和“pleasure”,最终效果如图 11.34 所示。

姓名	年龄	性别	日期	爱好
{message.name}	{message.age}	{message.sex}	{message.date}	{message.pleasure}

图 11.34 插入后的效果

(12)选中表格第 2 行,选择“窗口”→“服务器行为”命令,打开“服务器行为”面板,如图 11.35 所示。

(13)单击该面板中的按钮,在弹出的下拉菜单中选择“重复区域”命令,在弹出的“重复区域”对话框中进行设置,具体设置如图 11.36 所示。

(14)双击“服务器”面板中的“记录集(message)”,在弹出的“记录集”对话框中的“排序”下拉列表中选择“date”选项,在其后的下拉列表中选择“降序”选项,设置收集的信息按照填写的日期排列显示,如图 11.37 所示。

(15)将鼠标光标置于插入的表格后,在插入工具集中选择“应用程序”工具栏,单击该工具栏中的“记录集分页”图标右侧的三角按钮,在弹出的下拉菜单中选择“记录集导航条”命令,在弹出的“记录集导航条”对话框中进行如图 11.38 所示的设置。

(16)单击“确定”按钮,在文档中插入记录集导航条的效果如图 11.39 所示。该设置可以使一个页面中显示不下的内容进行分页显示。

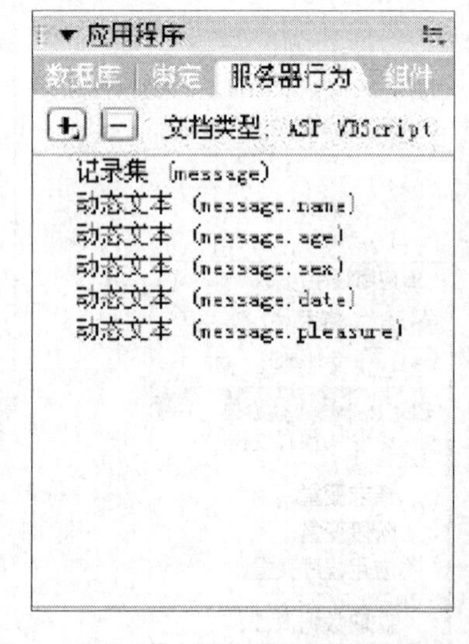

图 11.35 “服务器行为”面板

(17)按 F12 键,在浏览器中预览该页面,效果如图

1.40 所示。

图 11.36 “重复区域”对话框

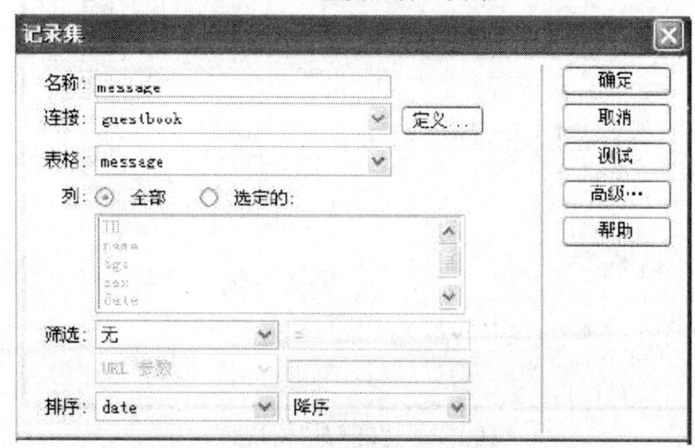

图 11.37 “记录集”对话框

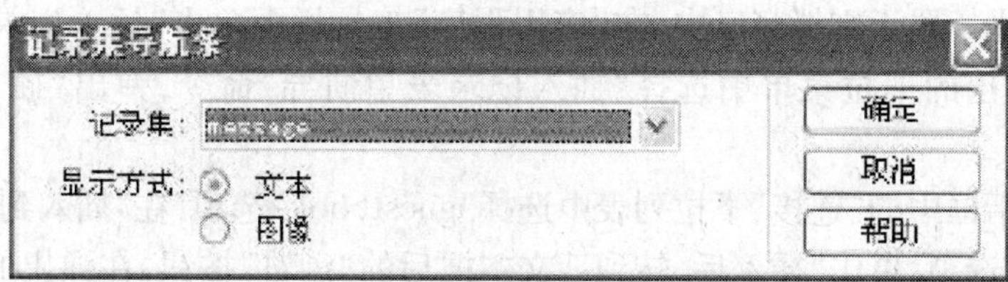

图 11.38 “记录集导航条”对话框

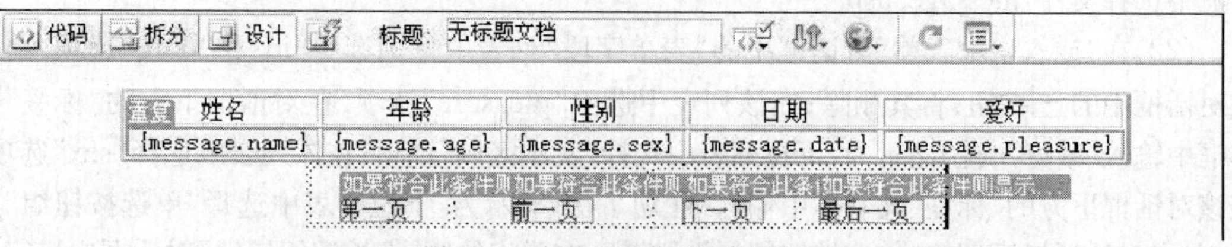

图 11.39 插入记录集导航条效果

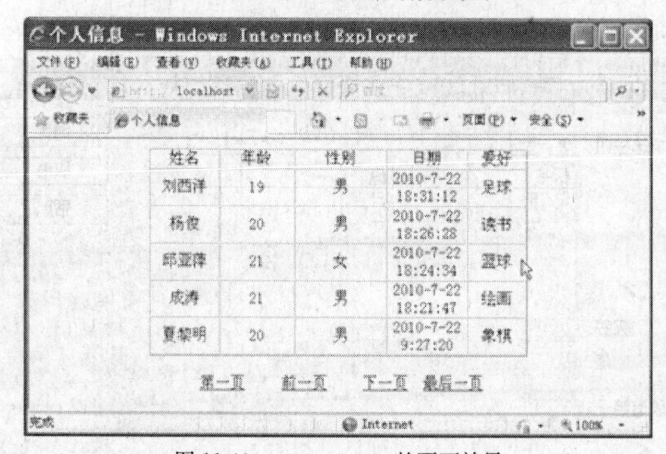

图 11.40 message. asp 的页面效果

(18)在文件面板中的 guestbook 文件夹图标上单击鼠标右键,在弹出的快捷菜单中选择"新建文件"命令,将创建的文件命名为"collect. asp",双击该文件图标,将其打开。

(19)选择"窗口"→"绑定"命令,在打开的绑定面板中单击 按钮,在弹出的下拉菜单中选择"记录集(查询)"命令,在弹出的"记录集"对话框中进行设置,如图 11.41 所示。

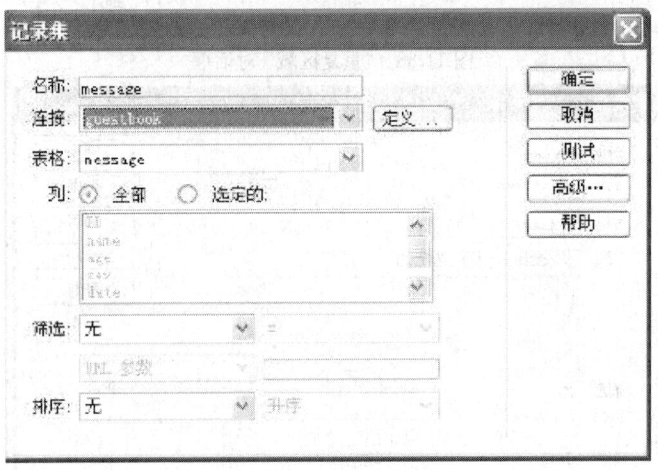

图 11.41 "记录集"对话框

(20)将鼠标光标置于文档窗口中,在"应用程序"工具栏中单击"插入记录"图标 右侧的三角按钮,在弹出的下拉菜单中选择"插入记录表单向导"命令,弹出"插入记录表单"对话框。

(21)在该对话框中的"连接"下拉列表中选择"guestbook"选项,在"插入到表格"下拉列表中选择"message"选项,单击"插入后,转到:"文本框后的"浏览"按钮,在弹出的"选择文件"对话框中选择文件"message. asp"。

(22)在"插入记录表单"对话框中的"表单字段"列表中分别选中"id"和"date"选项,单击该对话框中的 按钮,将其删除;在该列表中选中"pleasure"选项,在对话框下方的"标签"文本框中输入"爱好",在"显示为"下拉列表中选择"文本区域"选项;在该列表中选择"sex"选项,在该对话框下方的"标签"文本框中输入"性别",在"显示为"下拉列表中选择"单选按钮组"选项,单击对话框最底部的"单选按钮组属性"按钮,在弹出的"单选按钮组属性"对话框中进行设置,如图 11.42 所示。

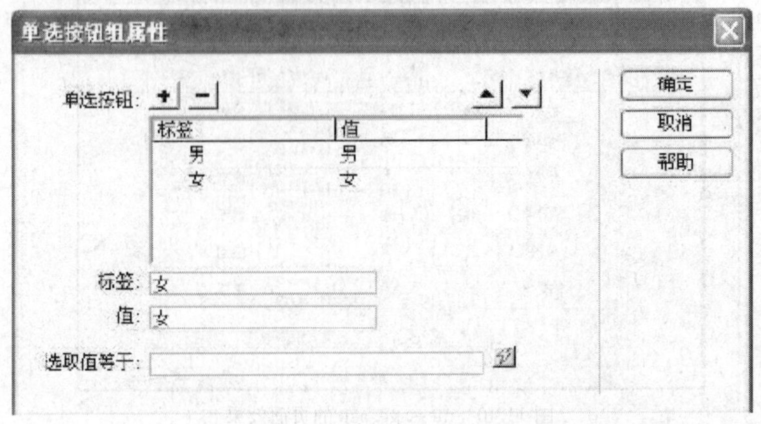

图 11.42 "单选按钮组属性"对话框

(23)重复步骤(22),分别对“插入记录表单”对话框的“表单字段”列表中剩余选项的标签命名,保持“显示为”下拉列表中选项为默认值,具体设置如图 11.43 所示。

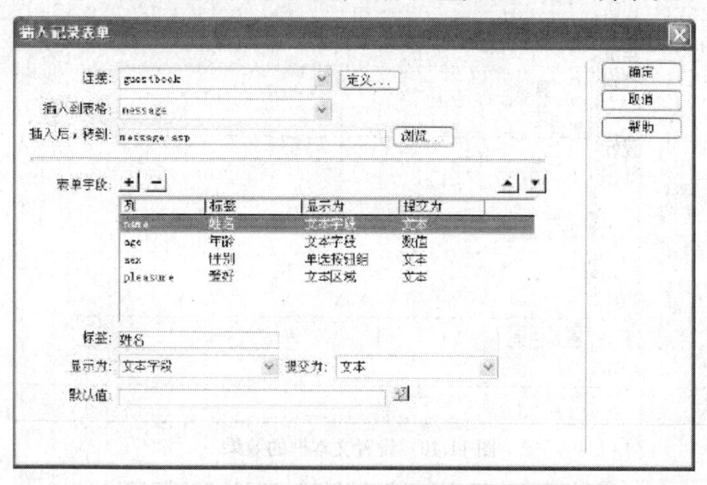

图 11.43　“插入记录表单”对话框

单击“确定”按钮,则插入在文档中的效果如图 11.44 所示。

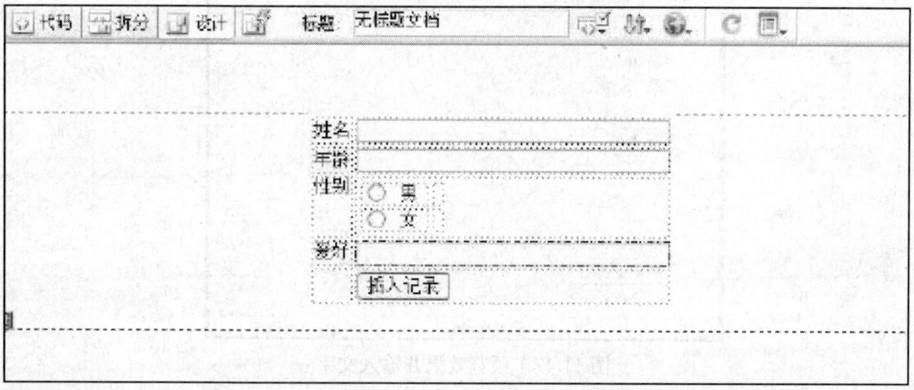

图 11.44　插入记录表单的效果

(24)选中输入的文本“爱好”后的单行文本框,在其属性面板中选中“多行”单选按钮,在“字符宽度”文本框中输入 50,在“行数”文本框中输入 8,如图 11.45 所示。

图 11.45　文本域属性面板

(25)按回车键确认,则得到如图 11.46 所示的效果。

按 F12 键,在浏览器中预览该页面,在其页面中的表单中输入如图 11.47 所示的文字。

(26)单击“插入记录”按钮,则自动跳转到 message. asp,步骤(25)中填入的信息也将自动插入到其中,效果如图 11.48 所示。

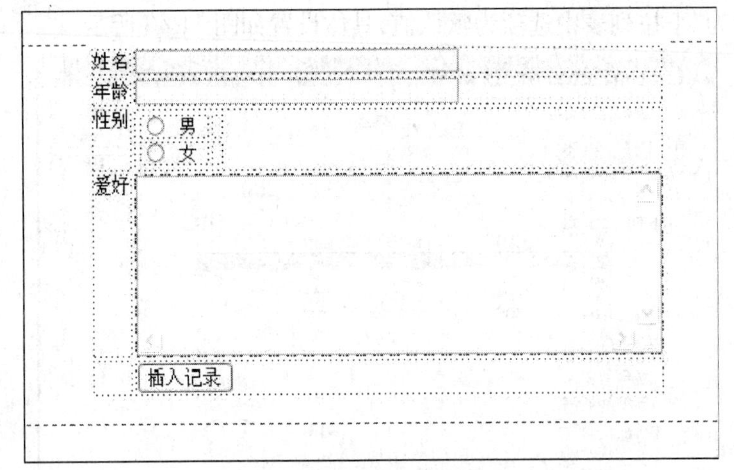

图 11.46　设置文本框的效果

图 11.47　预览效果并输入文字

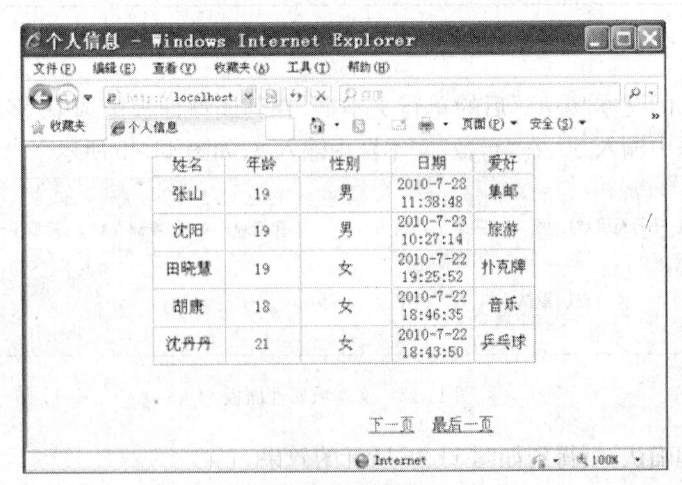

姓名	年龄	性别	日期	爱好
张山	19	男	2010-7-28 11:38:48	集邮
沈阳	19	男	2010-7-23 10:27:14	旅游
田晓慧	19	女	2010-7-22 19:25:52	扑克牌
胡康	18	女	2010-7-22 18:46:35	音乐
沈丹丹	21	女	2010-7-22 18:43:50	乒乓球

图 11.48　效果图

第三部分　案例拓展与讨论

自学与拓展

在上部分中我们讨论到网页若要使用到数据库里的数据,首先便是要创建数据库连接对象,方法便是设置数据库的来源,如此便能顺利与数据库取得联系,创建连接。

在 Dreamweaver 中 ASP 可以通过两种方式与数据库创建连接。第 1 种,DSN(Data Source Name):利用系统中的 ODBC 管理器来设置数据源的名称,即能连接到需要的数据库。第 2 种,DSN_less:设置连接的字符串与设置驱动程序,直接通过 ODBC 连接到数据库。

在上例中我们采用的是 DSN 连接方式,虽然 DSN 的连接方式十分简单,但是在实际应用上却有它的困难之处。因为如果我们所使用的网页空间不是自己的主机,或者我们没有主机服务器网管的权限,是无法到主机上去设置 DSN 的,为了解决这个困难,我们可以使用第 2 种数据库连接方式:DSN_less。

以下我们就以数据库"guestbook. mdb"来说明 DSN_less 连接的方法。

(1)选择"窗口"→"数据库"命令,打开"数据库"面板,如图 11.49 所示。按下⊞按钮,选择"自定义连接字符串"进入设置对话框。

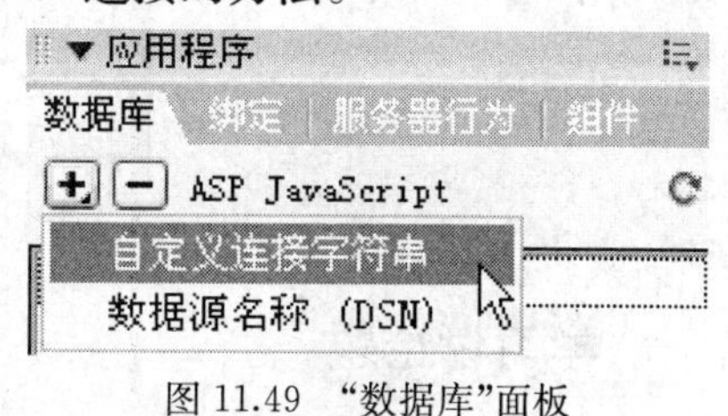

图 11.49　"数据库"面板

(2)页面出现了"自定义连接字符串"对话框,请先在"连接名称"栏中输入该连接的名称,请注意,不要与先前的连接名称相同,这里我们将其设置为"connDSNLess"。

(3)最重要的是设置"连接字符串"的字段,我们可以使用字符串的设置直接通过 ADO 的帮助连接数据库,它的标准格式如下:

Driver = {Microsoft Access Driver (*. mdb)};DBQ = 实际路径\数据库名称

Provider = Microsoft. Jet. OLEDB. 4. 0;Data Source = 实际路径\数据库名称

以上的两种连接方式都可以在 Dreamweaver 中连接数据库,第一种方式是使用 Microsoft Access 的驱动程序来连接,第二种方式是直接使用 OLEDB 数据库的驱动程序来连接。如果不讨论深层的内含意义,单就效率来讨论,根据微软的证明,使用 OLEDB 驱动程序的效率比使用 Microsoft Access 的驱动程序还要高。

以"guestbook. mdb"为例,假如该数据库存放位置为"E:\guestbook",我们可以输入的连接字符串为:

Driver = {Microsoft Access Driver (*. mdb)};DBQ = E:\guestbook\guestbook. mdb

(4)如图 11.50 所示,单击"测试"按钮,如果出现连接成功的对话框时,即可通过单击"确定"按钮返回到原界面,再单击"确定"按钮即可完成设置。

图 11.50　"自定义连接字符串"对话框

返回“数据库”面板，多了一项名为“connDSNLess”的连接，如图 11.51 所示。在“guestbook. mdb”中的数据表已经可以分别以两种连接方式读入 Dreamweaver 了。

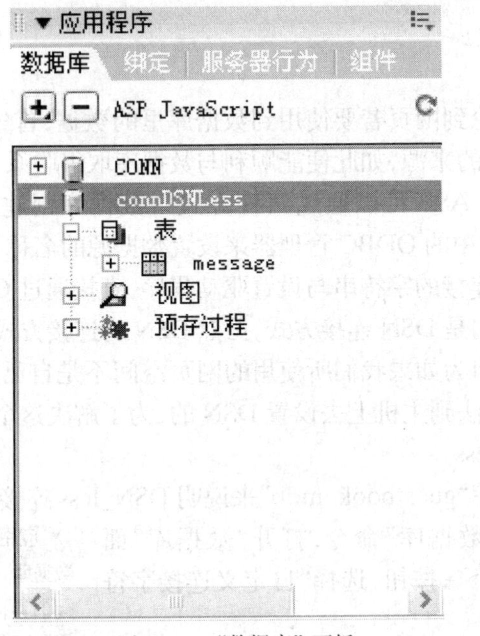

图 11.51 “数据库”面板

学习讨论题

(1)制作个人留言板。

(2)创建数据库。

案例十二 发布和维护网站

案例情境

本实例将指导学生发布网站。可利用 Dreamweaver 内置的功能实现网站上传。通过本实例学生可以学习 Dreamweaver 内置的上传功能、防火墙设置和 Web 服务器测试。

本实例将指导学生申请虚拟主机。可在中国 8U 网申请免费的虚拟主机空间。通过本实例学生可以学习虚拟主机的申请过程。

第一部分 知识准备

网站要在 Internet 上存在,必须有一个存储网站内容的空间。同时,还要有一个用于访问这个网站的域名。对于空间,现在免费的越来越少了,大部分的空间是收费的,并且价格也千差万别,用户可以根据需要选择适合自己的空间服务商。空间一般根据不同的要求,分为静态网页空间和动态网页空间,前者可以存储普通的 HTML 页面,后者可以存储 ASP、JSP 等采用服务器技术的网页。

通常空间服务商都提供 FTP 网页上传服务。FTP 是英文 File Transfer Protocol(文件传输协议)的缩写。顾名思义,FTP 就是专门用来传输文件的协议,也就是说通过 FTP 可以在 Internet 上的任意两台计算机间互传文件。对于 FTP,服务商会提供一个 FTP 的地址、用户名以及密码。使用这些信息,就可以登录到自己的空间,进行文件操作。

要登录到自己的空间,可以使用 FTP 软件,如 CuteFTP、FTPXP 等,也可以使用 Dreamweaver 强大的网站管理功能。

域名类似于互联网上的门牌号码,是用于识别和定位互联网上计算机的层次结构式字符标识,与该计算机的互联网协议(IP)地址相对应。但相对于 IP 地址而言,域名更便于使用者理解和记忆。域名既有类似 xxx. com 的顶级域名,又有类似 news. xxx. com、mail. xxx. com 这样的二级域名。一般提供空间的服务商同时会提供域名注册服务。

用户申请了域名,就可以根据服务商的要求将域名与空间对应起来,实现通过访问域名而访问网站的目的。

知识点一 FTP 服务器的配置

在 Dreamweaver 中,用户在建立远程站点之前应首先创建一个本地站点,这样可以为与远程站点连接打下基础。当创建了远程站点后,可以更新站点上的文件,也可以下载站点上的文件。应用远程站点,用户可以方便地实现站点文件的上传及下载管理、站点更新,而且还支持多人同时操作一个站点,这对大型网站是很有必要的。

1. 设置远程服务器

当创建了一个本地站点后,用户可以使用"管理站点"命令来添加或改变联系远程站点的信息、登记和测试参数。

选择“站点”→“管理站点”命令，打开“管理站点”对话框，在列表中选择一个现有站点后单击“编辑”按钮，将打开“站点定义”对话框。选择“高级”选项卡，在左侧的“分类”列表中选择“远程信息”，在右侧“访问”下拉列表框中选择连接服务器的方式即可。如果使用 FTP 连接到服务器，则在列表框中选择 FTP 选项，如图 12.1 所示。

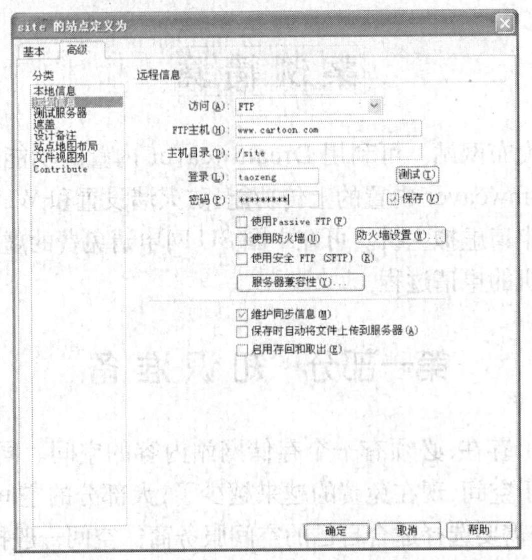

图 12.1 “高级”选项卡中的远程信息设置

在“远程信息”对话框中，常用选项的功能如下。

“访问”下拉列表框：用于选择连接远程服务器的连接方式。

“FTP 主机”文本框：用于输入 FTP 主机名称。

“主机目录”文本框：用于输入远程服务器上存放网站的目录，如果不输入任何内容，则表示将当前网站内容存放在登录后的根目录下。

“登录”文本框：用于输入连接 FTP 服务器的用户注册名。

“密码”文本框：用于输入连接到 FTP 服务器的密码。默认情况下，Dreamweaver 将保存用户密码。当输入密码后，自动选中“保存”复选框。如果取消该复选框，则用户在每次连接到远程服务器时都将显示输入密码提示信息。

“使用 Passive FTP”复选框：用于配置防火墙并使用 Passive FTP 功能。

“使用防火墙”复选框：用于从防火墙后面连接到远程服务器，单击“防火墙设置”可对防火墙进行参数设置。

“保存时自动将文件上传到服务器”复选框：用于在保存文件时将文件自动上传到远程站点。

“启用存回和取出”复选框：用于激活存回 /取出功能。

注意：选择项中的“FTP 主机”、“登录”和“密码”3 个文本框信息由空间服务商提供。

2. 确定远程站点主机目录

在“站点定义”对话框中指定的主机目录应该与本地站点的根目录相同。如果远程站点结构和本地站点结构不相同，则文件在上传时将会出错，用户将不能看到站点，并且图像和链接路径也将被破坏。

在 Dreamweaver 与远程站点连接之前，远程站点根目录必须存在。如果在远程服务器上没有根目录，则在连接前必须创建它。如果用户自己不能创建根目录，可以请求服务器管理员创建根目录。

如果用户不能确定应在“主机目录”文本框中输入什么样的主机目录，可以暂时不设置。在许多服务器上，根目录与初次使用 FTP 连接时的目录相同。要查找它，则连接到服务器。如果在站点窗口的远程文件视图中显示的文件夹为 public_html、www 或用户注册名等，那么可能需要在“主机目录”文本框中输入目录。记下该目录名，断开与服务器的连接，重新打开“站点定义”对话框，在“主机目录”文本框中输入目录名并再次连接服务器。

知识点二 网站的发布和维护

1. 设置站点

对于创建的站点可进行详细设置，具体操作可在站点管理器中进行。

(1)站点管理器

选择“窗口”→“文件”命令，打开“文件”面板，如图 12.2 所示。

单击文件面板中的“扩展/折叠”按钮，可打开站点管理器，如图 12.3 所示。

在站点管理器的右侧窗口可显示创建站点的文件和文件夹，在站点管理器中可以进行创建站点、管理站点、编辑站点等操作。

单击站点管理器中的“扩展/折叠”按钮，可回到文件面板。

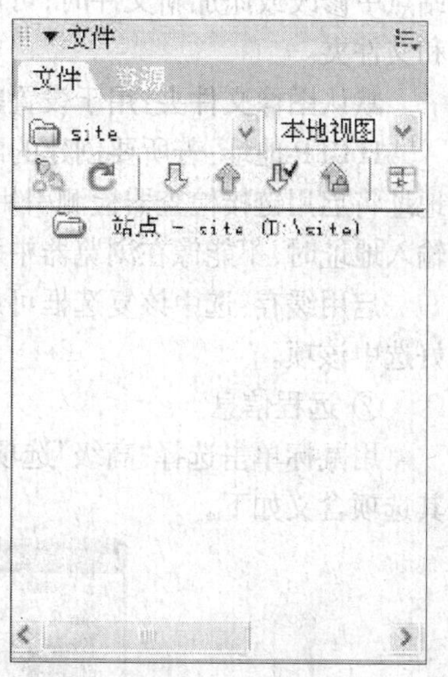

图 12.2 “文件”面板

(2)详细设置站点

在站点管理器中双击 显示: site 下拉列表中的站点名称，可进入站点设置向导，在站点设置向导中选择“高级”选项卡，如图 12.4 所示。在该选项卡中可对站点进行详细设置。

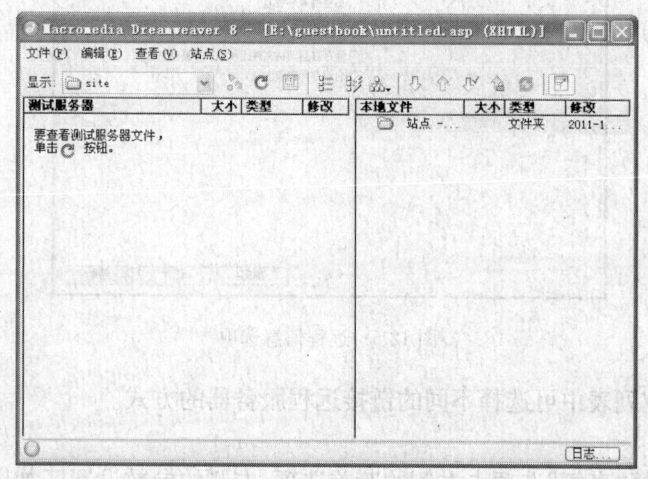

图 12.3 站点管理器

(3)参数设置区中各选项的含义

① 本地信息

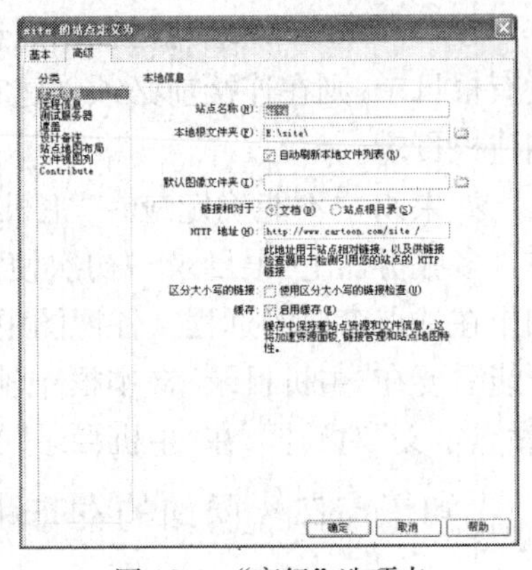

图 12.4 “高级”选项卡

用鼠标单击选择“高级”选项卡左侧的本地信息选项，右侧的参数设置区如图 12.4 所示。其各个选项含义如下。

站点名称:在该文本框中可输入站点的名称。

本地根文件夹:在该文本框中可输入站点在计算机中的存放路径或单击其后的“浏览”按钮,在弹出的对话框中选择要使用的文件夹的目录。

自动刷新本地文件列表:选中该复选框后,当在本地站点中修改或添加新文件时,可以自动刷新网站中的文件和文件夹。

默认图像文件夹:用于设置默认状态下存放网站图片的文件夹。

HTTP 地址:若所要创建的网站的地址已经申请好,可在该文本框中输入相应的地址,该地址将启用链接检查器检测引用您本地站点的 HTTP 链接。注意在“HTTP 地址”文本框中输入地址时,不能像在浏览器中那样随意输入,其地址的前面必须有 http://。

启用缓存:选中该复选框可加速资源面板、链接管理和站点地图的显示速度,所以建议最好选中该项。

② 远程信息

用鼠标单击选择“高级”选项卡左侧的远程信息选项,右侧的参数设置区如图 12.5 所示。其选项含义如下。

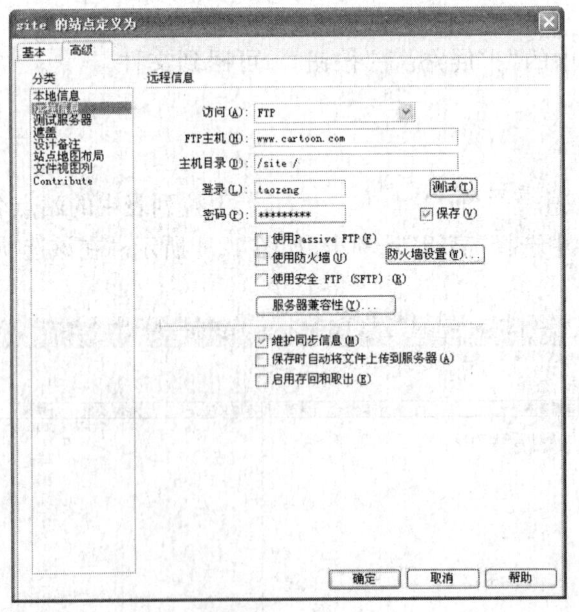

图 12.5 远程信息选项

访问:在该下拉列表中可选择不同的链接远程服务器的方式。

③ 遮盖

用鼠标单击选择“高级”选项卡左侧的遮盖选项,右侧的参数设置区如图 12.6 所示。其各个选项含义如下。

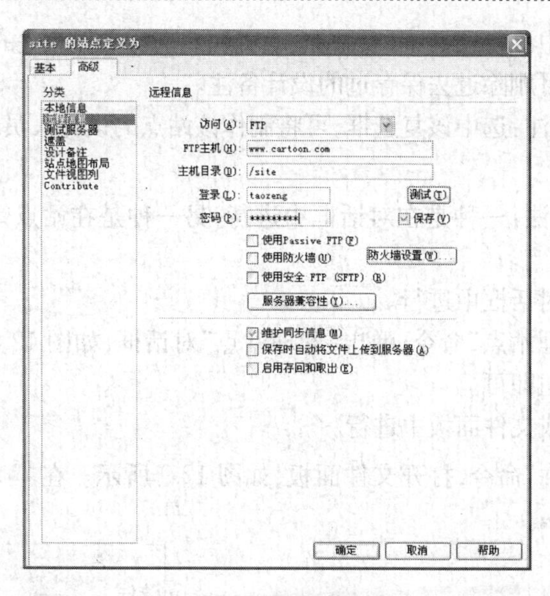

图 12.6　遮盖选项

启用遮盖:选中该复选框,可激活文件遮盖,遮盖就是在进行一些站点操作时排除被指定的文件或文件夹。例如,若不希望上传图像文件,可将图像文件所在的文件夹遮盖,图像文件就不会上传了。

遮盖具有以下扩展名的文件:选中该复选框后,可在其下的文本框中输入需要遮盖的特定文件的后缀名。例如,若不希望上传 Flash 文件,可输入“. fla”。

④ 设计备注

用鼠标单击选择“高级”选项卡左侧的设计备注选项,右侧的参数设置区如图 12.7 所示。其各个选项含义如下。

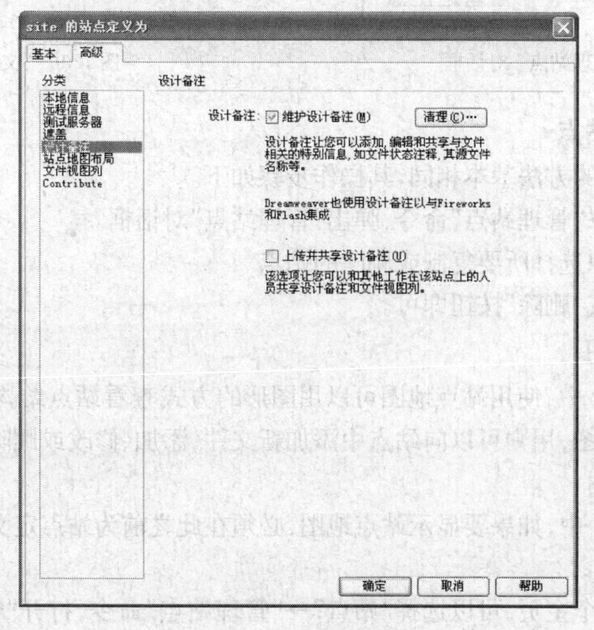

图 12.7　设计备注选项

维护设计备注:选中该复选框,可以添加、编辑和共享与文件相关的特别信息。

清理:单击该按钮可删除过去保存过的设计备注。

上传并共享设计备注:选中该复选框,可将制作该站点的设计人员的设计备注共享。

2. 切换站点

切换站点有两种方法:一种是在对话框中进行,另一种是在站点管理器或文件面板中进行。其操作步骤如下。

(1)在“管理站点”对话框中进行。

选择“站点”→“管理站点”命令,弹出“管理站点”对话框,如图 12.8 所示。选择需要切换的站点,单击“完成”按钮即可。

(2)在站点管理器或文件面板中进行。

选择“窗口”→“文件”命令,打开文件面板,如图 12.9 所示。在 renshi 下拉列表中选择所要切换的站点。

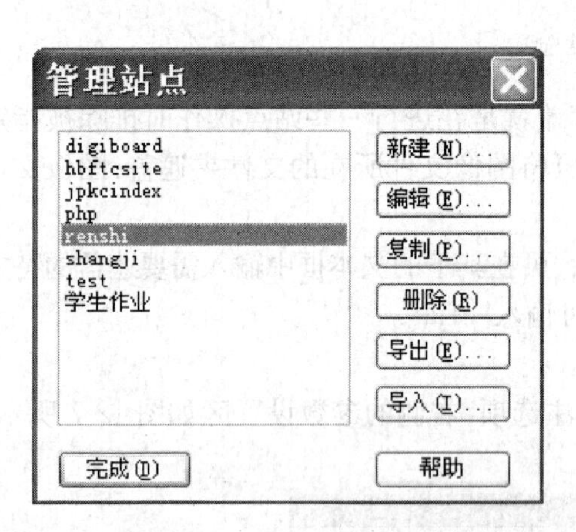

图 12.8 “管理站点”对话框

图 12.9 “文件”面板

3. 复制或删除站点

复制或删除站点的方法基本相同,其操作步骤如下。

(1)选择“站点”→“管理站点”命令,弹出“管理站点”对话框。

(2)在该对话框中选择所要复制或删除的站点。

(3)单击“复制”或“删除”按钮即可。

4. 管理站点地图

在 Dreamweaver 中,使用站点地图可以用图形的方式查看站点结构,显示网页之间的链接关系。通过站点地图,用户可以向站点中添加新文件,添加、修改或删除链接等操作。

(1)使用站点地图

在 Dreamweaver 中,如果要显示站点地图,必须在此之前为站点定义一个主页,站点主页是站点地图的开始点。

要为站点定义一个主页,可以选择“站点”→“管理站点”命令,打开“管理站点”对话框,在“管理站点”对话框中选择要编辑的站点,单击“编辑”按钮,将弹出“站点定义”对话框。在“站点定义”对话框中选择“高级”选项卡,在左侧的类别列表中选择“站点地图布局”选项,在“主页"文本框中输入网站的主页路径即可,如图 12.10 所示。

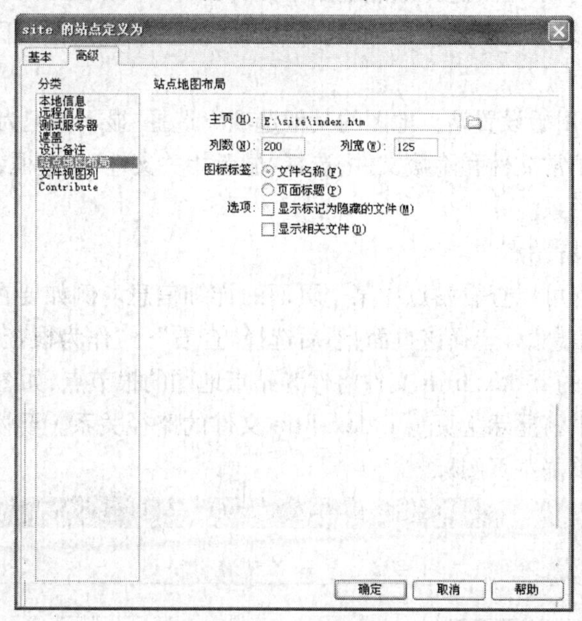

图 12.10　"站点定义"对话框的"高级"选项卡

定义好主页后,在站点窗口中单击按钮,并选择"仅地图"选项将显示站点地图。

在站点地图中,HTML 文件和其他页面内容都是以图标形式显示,而连接关系则显示了它们在 HTML 源代码中出现的先后顺序,如图 12.11 所示。

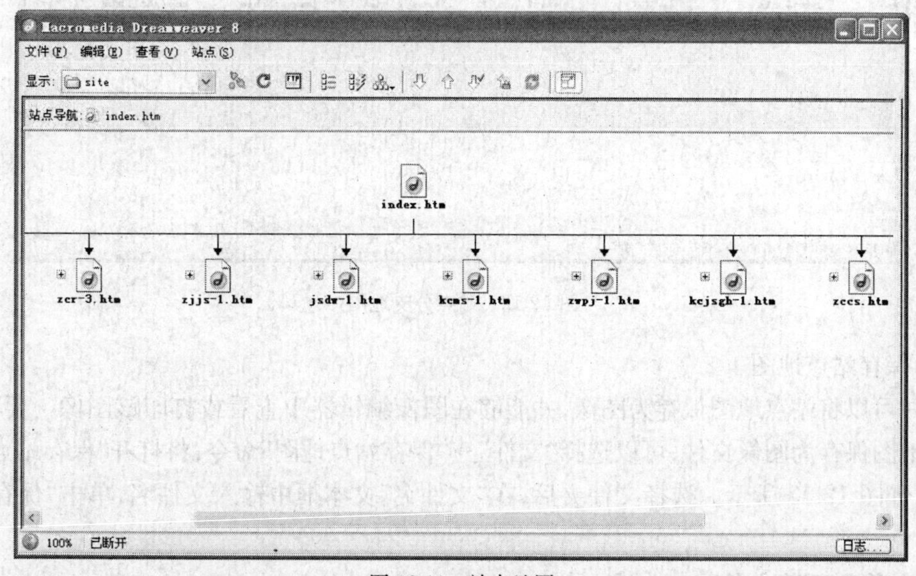

图 12.11　站点地图

在"站点定义"对话框中选择"站点地图布局"选项后,用户可以自定义站点地图的外观,如图 12.10 所示。在该信息窗口中,可以设置站点主页、可显示的站点列数、是否在图标后显示文件名或页面标题、是否显示隐藏文件和相关文件。在"站点地图布局"对话框中,各选项的功能如下。

"主页"文本框:用于输入主页的路径和名称,或单击其后的文件夹按钮选择主页。

"列数"和"列宽"文本框:用于输入站点地图中可以显示的最大列数和列宽。

"图标标签"选项区域:用于选择站点地图中文件图标下方文字的类型。选择"文件名称"单选按钮,可在文件图表下显示文件名称;选择"页面标题"单选按钮,可在文件图标下显示网页的标题。

"选项"选项区域:用于设置站点地图的其他选项。选择"显示标记为隐藏的文件"复选框,可在站点地图中显示正常文件和隐藏文件;选择"显示相关文件"复选框,可在站点地图中显示各个文件之间的链接关系。

(2)从站点分支查看站点

用户通过站点分支可以查看站点中某一页面的详细信息。例如要在站点地图中查看 index. htm 页面的详细信息,可选择该页面,然后选择"查看"→"作为根查看"命令,此时将重新绘制站点地图,被选中的 index. htm 文件将作为站点地图的根节点,如图 12.12 所示。在窗口上方的"站点导航"区中将显示主页与 index. htm 文件的路径关系。要恢复原来的站点地图,可在"站点导航"区中单击主页图标。

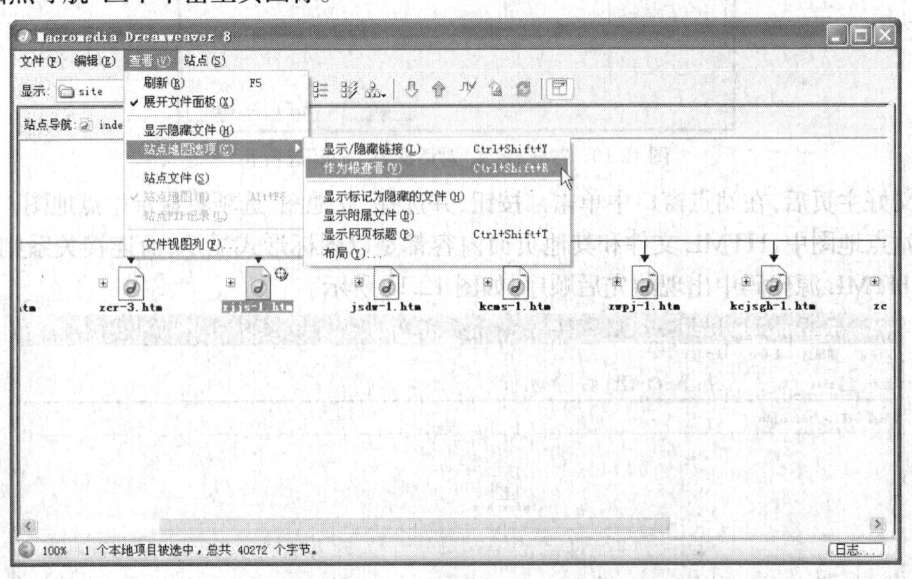

图 12.12 站点分支地图

(3)保存站点地图

用户可以将站点地图保存为图像,并能够在图像编辑器中查看或打印该图像。要将当前的站点地图保存为图像文件,可以选择"文件"→"保存站点地图"命令,将打开"保存站点地图"对话框,如图 12.13 所示。选择文件夹后,在"文件名"文本框中输入文件名,单击"保存"按钮即可。

5. 上传和下载文件

在 Dreamweaver 中,不仅可以对本地站点进行操作,也可以对远程站点进行操作。使用站点窗口工具栏上的⇧按钮和⇩按钮,可以将本地文件夹中的文件上传到远程站点,也可以将远程站点上的文件下载到本地文件夹。通过将文件的上传/下载操作和存回/取出操作相结合,就可以实现较为全面的站点维护。图 12.14 所示为在站点窗口中显示的远程站点及本地站点信息,图 12.15 所示为在"文件"面板使用远程视图。

图 12.13　“保存站点地图”对话框

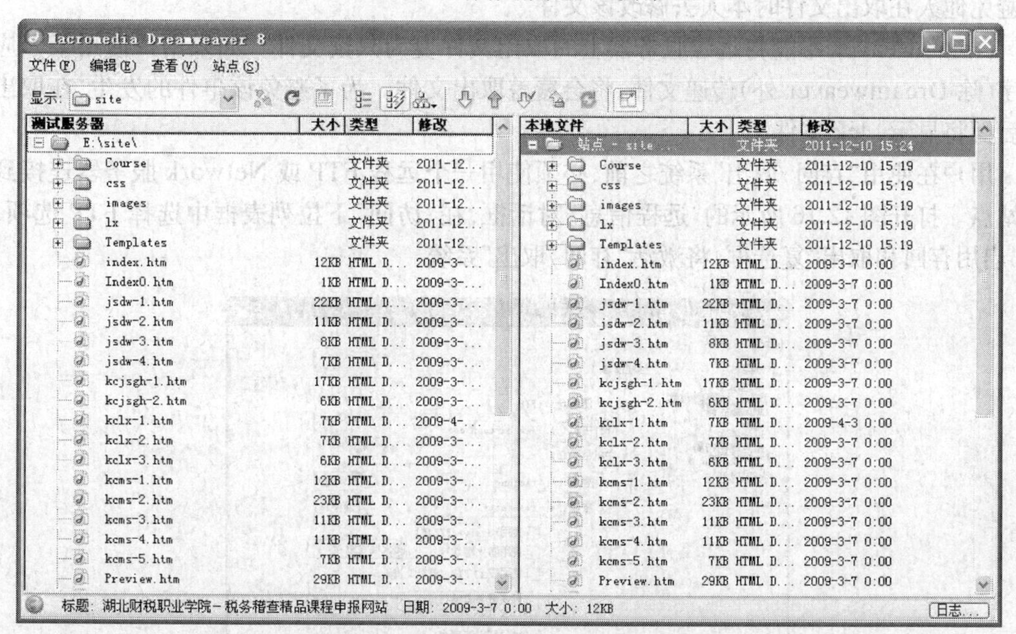

图 12.14　同时显示远程站点及本地站点

6. 使用“存回”和“取出”功能

随着站点规模的不断扩大，对站点的维护也变得非常困难，要想一个人来维护站点几乎是不可能的，这时就需要多人共同协作维护。并且，为了确保一个文件在同一时刻只能由一个人对其进行修改和编辑，这就需要借助于 Dreamweaver 的“存回”和“取出”功能。“取出”文件是指文件的权限归属用户自己所有，用户可以对它进行编辑和修改，该文件对其他维护者是只读的。当文件被标识为取出时，Dreamweaver 将在站点窗口中该文件图标后面设置一个标记，如果标记显示为绿色，表示文件被用户取出，如果标记显示为红色，表示文件被其他人取出。取出文件的用户名也将显示在站点窗口中。

“存回”文件是指文件可被其他网页维护者取出和编辑。这时本地版本将成为只读文件，

图 12.15　在“文件”面板使用远程视图

以避免他人在取出文件时本人去修改该文件。

Dreamweaver 不能将远程服务器上的取出文件变为只读文件。如果用户使用某一应用程序(除 Dreamweaver 外)传递文件,将会覆盖取出文件。为了避免该事件的发生,在取出文件后面将显示 .lck 文件。

用户在使用“存回/取出”系统之前,必须使用一个远程 FTP 或 Network 服务器连接到本地站点。打开图 12.16 所示的“远程信息”对话框,在“访问”下拉列表框中选择 FTP 选项,单击“启用存回和取出”复选框,将激活“存回/取出”系统。

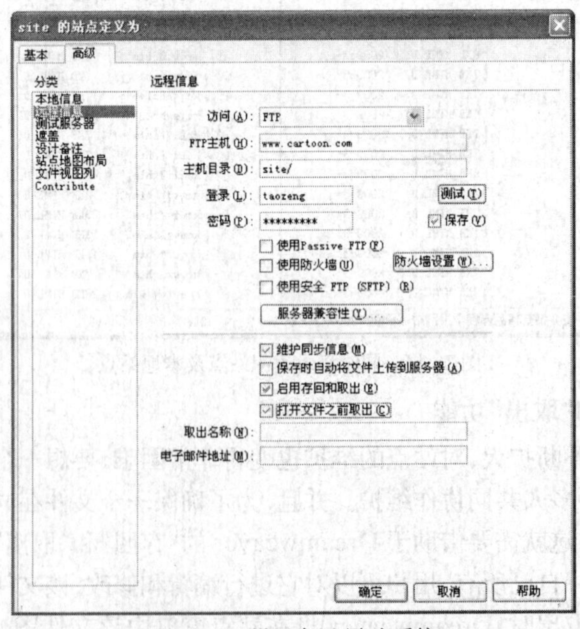

图 12.16　设置存回/取出系统

在对话框下方的“取出名称”文本框中,该名称将出现在站点窗口中所有处于取出状态的文件名称的旁边,来标识该文件的最终版本所在的位置,以便于其他人了解与使用。在“电子邮件地址”文本框中,可输入用户的邮件地址。

在 Dreamweaver 中,站点文件的存回/取出信息是通过一个带有.lck 扩展名的纯文本文件来记录的。当用户在站点窗口中对文件进行存回或取出操作时,Dreamweaver 将分别在本地站点和远程站点上创建一个.lck 文件,每个.lck 文件都与取出的文件名相同。例如,一个 index. htm 文件被取出后,在其相应的目录中将生成一个 index. lck 文件。.lck 文件不能显示在站点窗口中,但用户可以使用其他的 FTP 程序查看位于远程服务器上的相应目录,也可以使用 Windows 资源管理器查看位于局域网上的相应目录。

对于一个文件来说,一旦被取出后,该文件对于其他的维护人员来说是只读的。但这种只读现象是由 Dreamweaver 所提供的,在实际的服务器或局域网中,这些文件并不具有只读限制,也就是说,如果通过其他的应用程序访问远程站点或本地站点的目录,就可以修改或覆盖这些被取出的文件。当然,这时也会看到相应的.lck 文件,因此可以根据.lck 文件的名称来避免修改某些被取出的文件。

第二部分　案例实践

实例一　利用 Dreamweaver 内置的功能实现网站上传

使用 Dreamweaver 内置上传功能,使我们不用第 3 方的 FTP 上传工具就可以上传到站点,非常方便。

1. 使用内置上传功能

通过使用 Dreamweaver 内置上传功能,可以将文件从本地站点上传到远程站点,这通常不会更改文件的取出状态。执行"站点"→"管理站点"命令,弹出"管理站点"对话框,如图 12.17 所示。

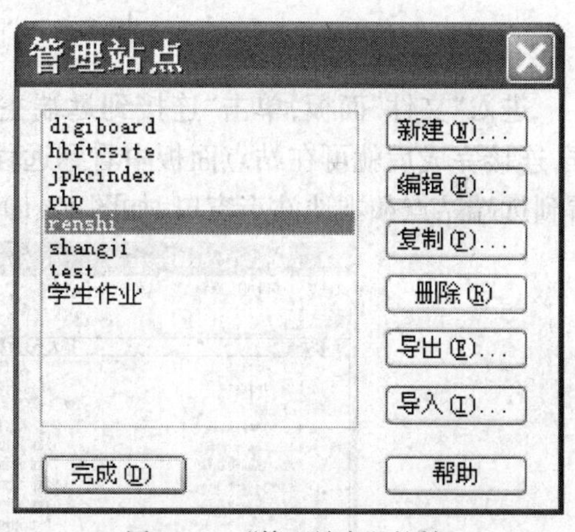

图 12.17　"管理站点"对话框

在站点列表中选择要上传的站点,例如选择"renshi",单击"编辑"按钮,弹出"renshi 的站点定义为"对话框,选择"高级"选项卡,在左侧的"分类"列表中选择"远程信息",在"访问"的下拉列表中选择"FTP",弹出扩展设置部分,如图 12.18 所示。

设置部分解释如下。

FTP 主机:上传站点的目录 FTP 服务器地址名称。注意名称中不能包括协议,一般格式为 ftp. domain. com 或者 IP 地址。例如输入:192. 168. 32. 9。

主机目录:服务器保存文件的目录,一般是主机目录的一个子目录。如果没有特别规定,则为空。

登录:登录 FTP 的名称,即用户的账号。例如填写 zt。

密码:登录 FTP 的密码,星号显示以保证信息的安全,根据网络服务提供商给你的密码填入,如填写:201007211956。

下面的复选框分别表示:是否使用被动式 FTP(通过本机的软件而不是服务器来建立连接)、是否使用防火墙(对于上传和下载文件要求特殊的安全保障时使用)、是否使用 SFTP 加密安全登录(保证登录信息的安全性),可按照需要选择。设置完全部参数后,单击“确定”按钮,返回到“管理站点”对话框,单击“完成”按钮。

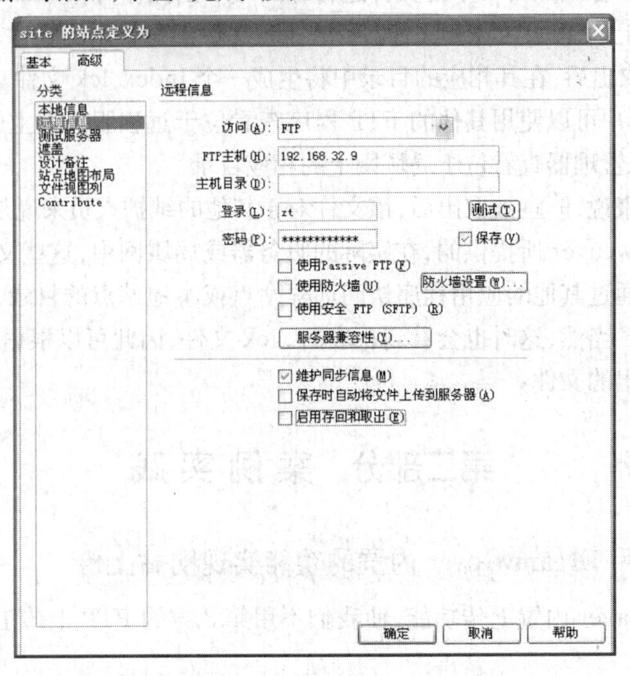

图 12.18 “远程信息”设置对话框

进入“文件”面板,单击“连接到远端主机”按钮,连接到远程主机,并出现“状态”对话框,连接完成后就可在站点面板中看到远程服务器上的目录,单击“扩展/折叠”按钮,可以同时看到远端站点和本地站点窗口,如图 12.19 所示。

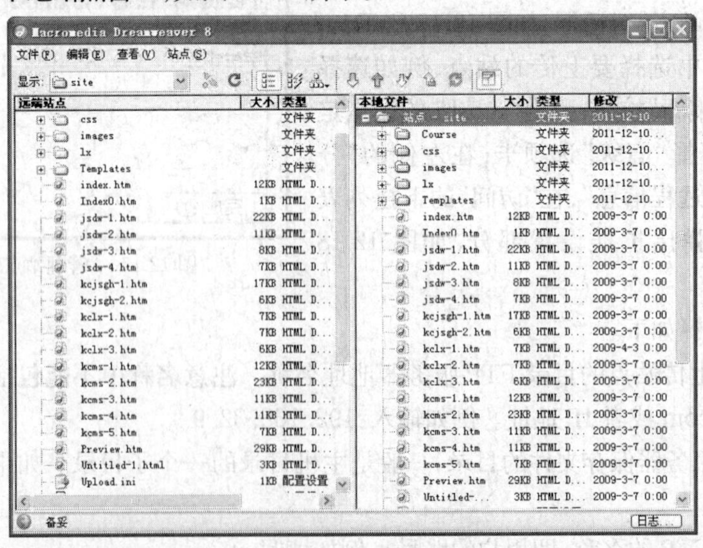

图 12.19 远端站点和本地站点窗口

选择文件后,使用“上传文件”按钮或“获取文件”按钮,可以上传或下载文件。

2. 防火墙设置

使用防火墙可以使上传和下载的文件更有安全保障,具体的操作步骤如下。

单击图 12.18 中的“防火墙设置”按钮，弹出“首选参数”对话框，在“防火墙主机”中输入 FTP 地址，在“防火墙端口”中输入端口值，常用的是 21(这要看空间服务商的规定)，设置完全部的参数后单击“确定”按钮，完成防火墙设置，如图 12.20 所示。

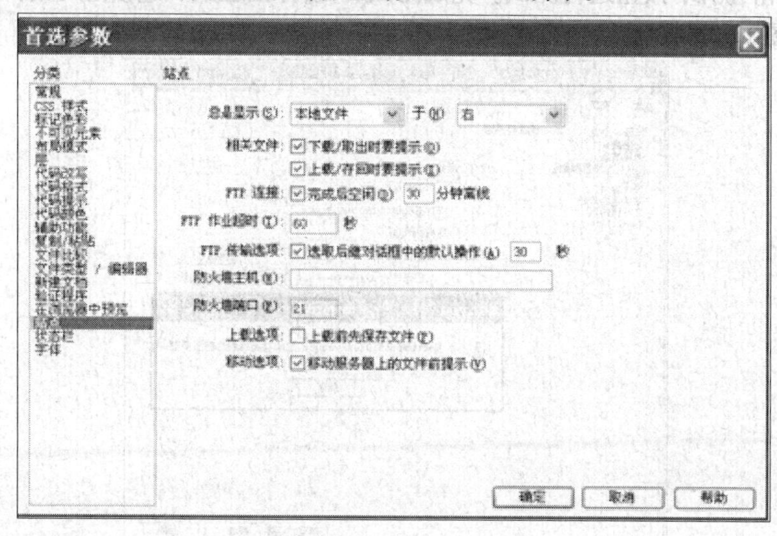

图 12.20　“防火墙设置”对话框

3. 测试是否连接到 Web 服务器

为了检验上面的设置是否正确，需要进一步测试是否成功地连接到 Web 服务器。具体步骤如下。

在图 12.20 中，单击“确定”按钮，完成防火墙设置并返回，单击“测试”按钮，弹出已成功连接的对话框，表明设置正确，完成测试，如图 12.21 所示。

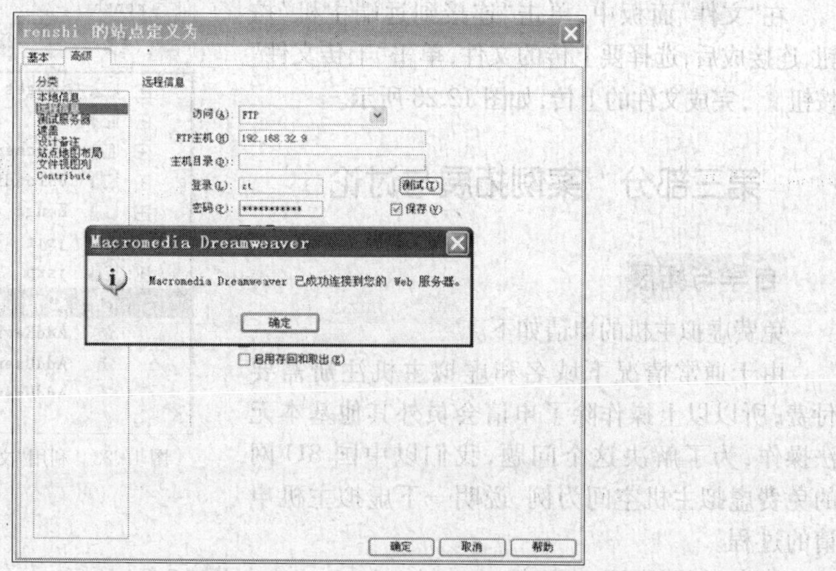

图 12.21　“测试”成功连接到 Web 服务器

4. 测试服务器

为了检验服务器设置得是否正确，我们要进一步测试是否成功连接到服务器，具体步骤如下。在图 12.18 左侧的“分类”列表中选择“测试服务器”,在右侧“服务器模型”中选择“ASP JavaScript”(选择该项的目的是测试服务器是否支持 ASP 脚本和 Access 数据库),在设置完全部参数后单击“测试”按钮进行测试。完成测试后,会弹出已成功连接的对话框,表明测试服务器正确,如图 12.22 所示。

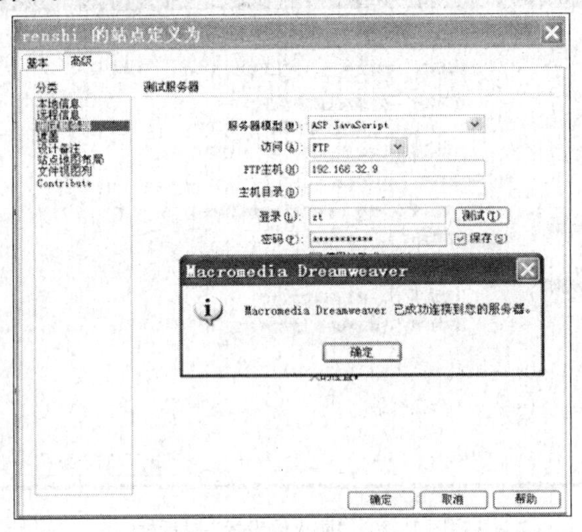

图 12.22　测试服务器

5. 利用“文件”面板上传和下载文件

连接完成后就可以在“文件”面板中看到远程服务器上的目录,选择文件后,使用“上传文件”按钮 或“获取文件”按钮 就可以上传和下载文件了,具体步骤如下。

在“文件”面板中,单击“连接到远端主机”按钮,连接成后,选择要上传的文件,单击“上传文件”按钮 ,完成文件的上传,如图 12.23 所示。

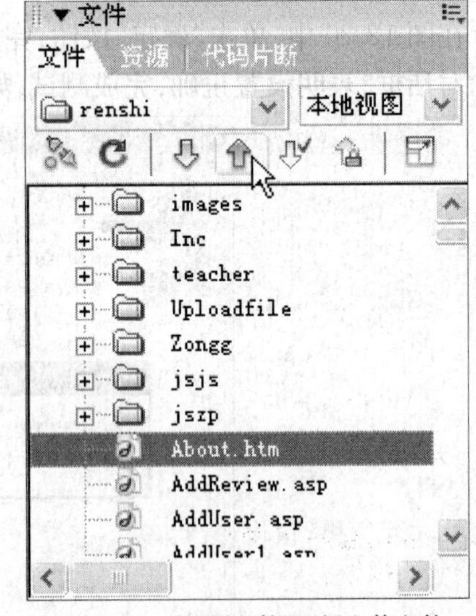

图 12.23　利用“文件”面板上传文件

第三部分　案例拓展与讨论

自学与拓展

免费虚拟主机的申请如下。

由于通常情况下域名和虚拟主机注册需要付费,所以以上操作除了申请会员外其他基本无法操作,为了解决这个问题,我们以中国 8U 网的免费虚拟主机空间为例,说明一下虚拟主机申请的过程。

首先,打开中国 8U 网 http://www.8u.cn,如图 12.24 所示。

在首页上找到免费空间,单击“8U 免费空间”,进入申请免费空间的页面,页面中提示了免费空间的申请流程,如图 12.25 所示。

单击“注册”按钮,进入会员注册页面,填写表格,如图 12.26 所示。

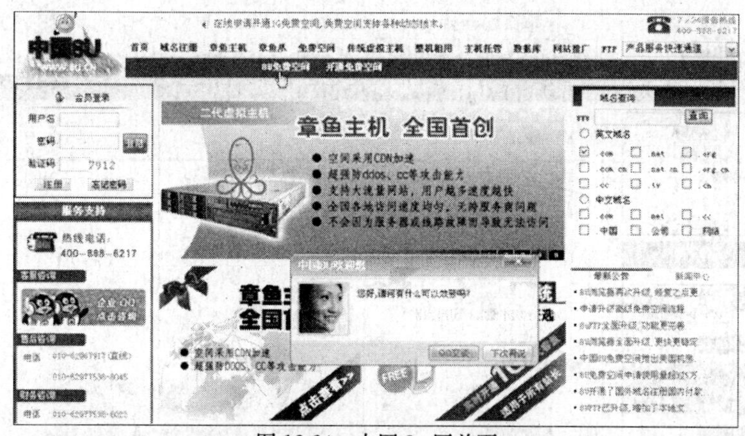

图 12.24　中国 8u 网首页

图 12.25　免费空间申请流程

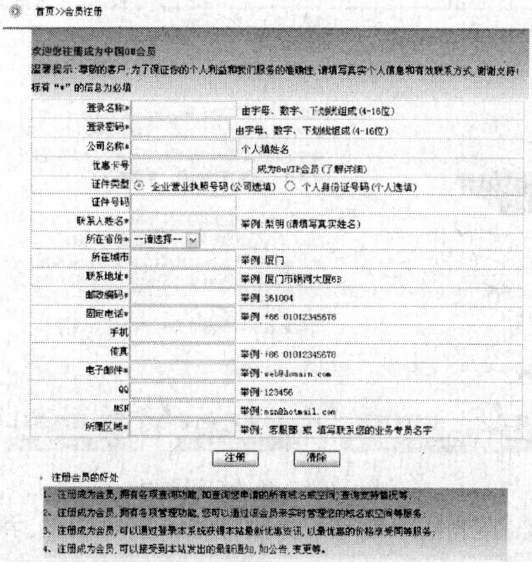

图 12.26　申请表格填写

注册成功后,就可以用注册的会员账号和密码进行登录了。返回首页,在首页左上方的窗口中填写用户名、密码和验证码,进入会员管理首页,如图 12.27 和图 12.28 所示。

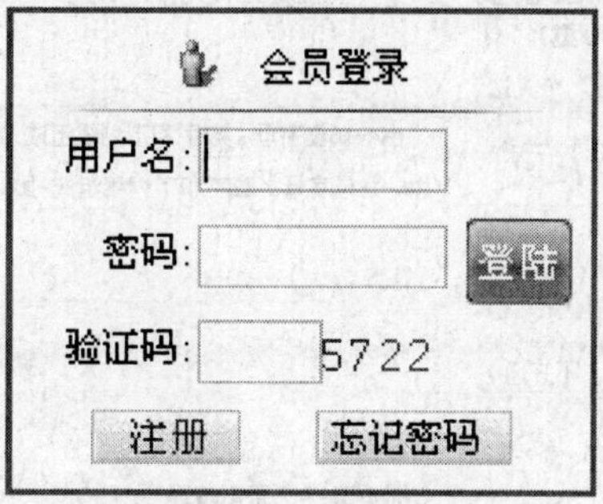

会员登录
用户名:
密码:　登陆
验证码:　5722
注册　忘记密码

图 12.27　会员登录窗口

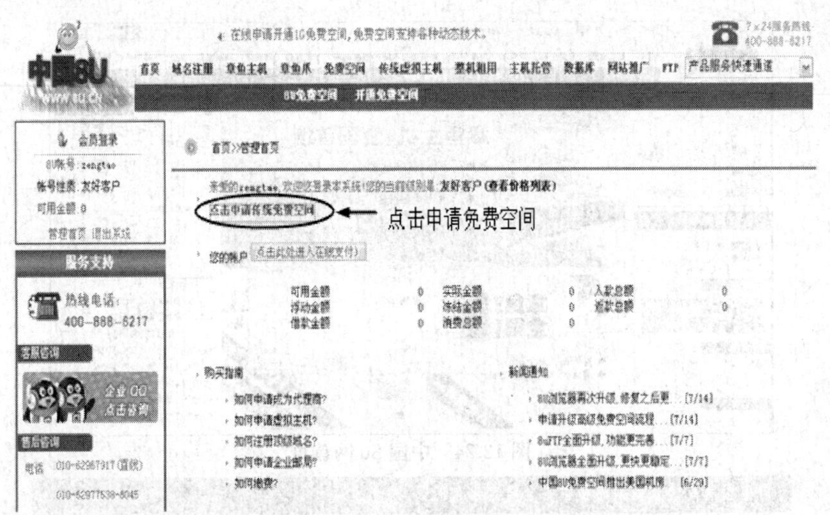

图 12.28　会员管理首页

在会员管理首页上方单击“点击申请传统免费空间”文字链接,进入免费空间页面,如图12.29 所示。该页面显示了免费空间的相关参数和信息。

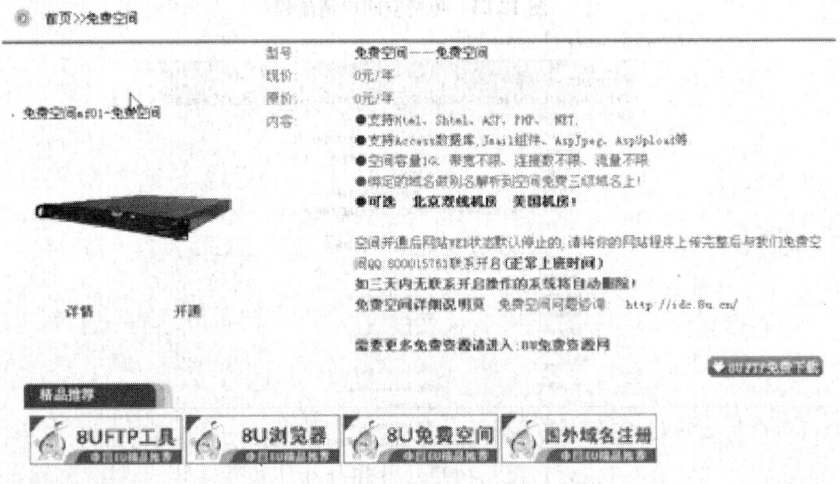

图 12.29　免费空间页面

单击“开通”文字链接,在表格中填写上传账号和密码等信息,并单击“立即申请”按钮,如图 12.30 所示。

若您注册了会员,建议先登录再填写此表,若非会员,请点此注册会

禁止网站内容含有魔域私服发布,魔兽世界私服发布。

一经发现,将立即停止网站的运行, 不退还任何费用,并且由此引起的一切后果由空间租用者承担。

主机型号:免费空间(mf01型)

主机类型:⊙ 企业站 ○ 个人站

上传帐号:　由4-16位字母,数字和下划线组成 如ftpabcd

上传密码:　由6-16位字母,数字和下划线组成 如dafdAde344

申请年限:0元/年

机房地址:北京三线

开通方式:⊙ 正式购买　○ 只下订单(不开通)

立即申请　重新填写

图 12.30　填写上传账号和密码

此时，页面中显示出虚拟主机购买结果，如图 12.31 所示。其中列出了主机名称、网址、上传地址、管理地址等信息。至此，免费空间申请成功，今后可将自己设计的网页上传到该空间进行浏览。

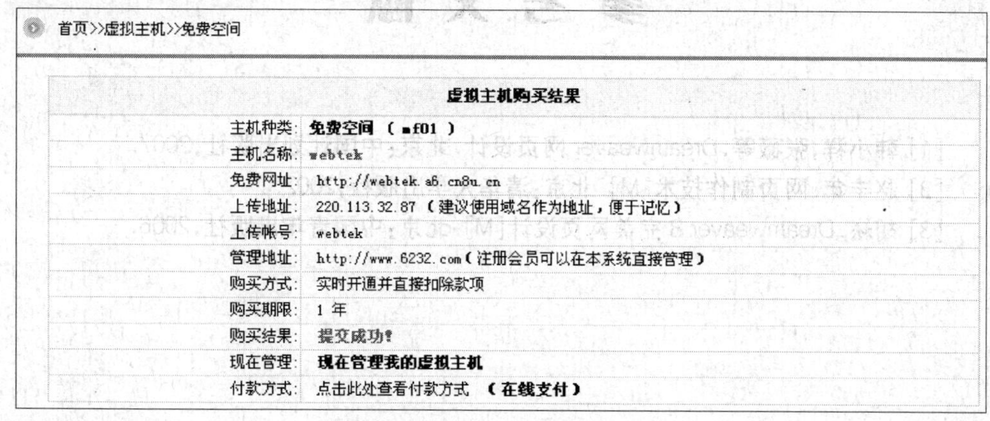

图 12.31　虚拟主机购买结果

学习讨论题

(1)上网查询其他免费虚拟主机空间，申请并比较与中国 8U 网的异同。

(2)怎样在 Dreamweaver 中设置协助工作环境?

(3)有哪些常用的 FTP 软件？了解一种 FTP 软件的使用方法。

参 考 文 献

[1] 韩小祥，张薇等．Dreamweaver 网页设计．北京：中国计划出版社，2007.

[2] 赵丰年．网页制作技术[M]．北京：清华大学出版社，2002.

[3] 胡崧．Dreamweaver 8 完美网页设计[M]．北京：中国青年出版社，2006.